¡Que las matemáticas te acompañen!

Divulgación

Clara Grima

¡Que las matemáticas te acompañen!

Ilustraciones de Raquel Gu

Ariel

Certificado PEFC

Este libro procede de bosques gestionados de forma sostenible y fuentes controladas

PEFC

PEFC/14-38-00305

www.pefc.es

Av. Diagonal, 662-664, 08034 Barcelona (España)
Ariel es un sello editorial de Editorial Planeta, S. A.
www.ariel.es

Adaptación de la cubierta: Booket / Área Editorial Grupo Planeta
Ilustración de la cubierta: © Raquel Gu
Primera edición en Colección Booket: febrero de 2022
Segunda impresión: mayo de 2022
Tercera impresión: junio de 2023
Cuarta impresión: diciembre de 2024

Depósito legal: B. 754-2022
ISBN: 978-84-08-25295-5
Impresión y encuadernación: Liberdúplex, S. L.
Printed in Spain - Impreso en España

Biografía

Clara Grima es doctora en Matemáticas y profesora titular de Matemática Aplicada en la Universidad de Sevilla. Desde 2010 compagina su labor docente e investigadora con la divulgación científica en diferentes medios y programas de radio y televisión. Merecedora del Premio COSCE 2017 por su trayectoria y el Premio ROMA en la categoría Mujer STEM en 2019 por su labor como divulgadora, imparte cientos de charlas al año y está convencida de que a todo el mundo le gustan las matemáticas aunque algunos todavía no lo sepan. Ha publicado *Hasta el infinito y más allá* (2013), *¡Que las matemáticas te acompañen!* (2018) y *En busca del grafo perdido* (2021).

A Salvador y Ventura, mis hijos, porque ellos me ayudan a entender qué es infinito cada vez que los miro y pienso cuánto los quiero

EMPIEZA POR EL PRINCIPIO
Y SIGUE HASTA LLEGAR AL FINAL;
ALLÍ TE PARAS.

Lewis Carroll,
Alicia en el país de las maravillas

MATEMÁTICAS, QUE NO ES POCO

Soy matemática. Y me gusta. Lo sé, puede que alguien no le encuentre la gracia a este hecho y se imagine que quien teclea estas líneas es un «bicho» raro, asocial, con una mente privilegiada para hacer cálculos mentales mientras sus ojos giran a gran velocidad activando las neuronas que ponen en marcha los algoritmos algebraicos. Pues no, no soy nada de eso. Bueno, no sé si soy rara, yo me veo bastante normal, muy gaussiana. Lo siento, no pude evitar hacer el chiste matemático, pero es que el texto me lo estaba pidiendo a gritos.

Muchas veces me preguntan por qué elegí estudiar matemáticas, si tuve algún profesor que me inspirase especialmente para hacerlo, si fui una niña prodigio que destacó haciendo cuentas, si siempre quise ser matemática. La respuesta a todas esas preguntas es no; cuando era niña quería tener una mercería donde vender botones, muchos botones, de todos los tamaños y de todos los colores, porque adoraba el sonido producido al arrancarlos del cartón en el que solían venir pegados en aquella época. Eso o cantante, cantante de copla española. Me ponía flores de plástico de los floreros de casa en el pelo para cantar coplas con mucho sentimiento, todo muy dramático. Cuando era adolescente quería ser Madonna. Ese era mi sueño. Lamentablemente (o afortunadamente) la naturaleza no me dotó de grandes aptitudes para la música y tuve que elegir otro camino.

Pero ¿por qué matemática? Porque yo era, básicamente, perezosa. No me gustaba aprender nombres que otros habían asignado a los ríos, los animales o las plantas porque sí, porque ellos quisieron. Las *mates*, en cambio, eran un juego; solo había que aprender las reglas y jugar. ¡Había que descubrir! Eso era emocionante. Recuerdo que la primera vez que resolví una ecuación (lineal de primer orden, tipo $x + 3 = 5$ o similar) di un grito de alegría. ¡Sabía descubrir secretos de las matemáticas! Todo era lógico, las matemáticas son lo que tienen que ser, no dependen del capricho humano, son y serán siempre las mismas. Son eternas. Cualquier movimiento político puede cambiar una frontera o el nombre de una ciudad, pero 7 siempre será un número primo y eso es algo tan poderoso como maravilloso.

Así que cuando llegó la hora de elegir qué estudiar en la universidad lo tenía casi del todo claro. Durante unos meses dudé entre estudiar matemáticas y filosofía; ambas me llamaban por igual, las dos me hacían pensar. Fue mi profesor de filosofía, Antonio Hurtado, quien me ayudó a decidir: «Estudia matemáticas en la universidad y lee libros de filosofía en tu tiempo libre. Tienes que comer». Desgraciadamente, mi profesor tenía razón porque en aquella época (ahora aún más) la filosofía era una carrera con poco futuro laboral. Por otra parte, aquel consejo de Antonio es uno de los mejores que me han dado en mi vida, y no solo porque estoy trabajando casi desde que terminé mis estudios de matemáticas, sino también porque las matemáticas han moldeado mi vida y les ha quedado bastante bien. Las matemáticas me han hecho y me hacen feliz.

Empecé mis estudios de matemáticas en la Universidad de Sevilla y descubrí qué significaba realmente esa palabra: matemáticas. Me enamoré perdidamente de esta rama del conocimiento y, no sin esfuerzo, completé mis estudios. Pero es que las matemáticas no son fáciles pero, eso sí, son muy emocionantes; no hay nada más fascinante. Cuando terminé mis estudios, comencé mi tesis doctoral en Geometría Computacional de la mano de Alberto Márquez y ya sí, entregué mi corazón y mi amor completo a esta forma de ver la vida, a través de las matemáticas.

Comencé a trabajar como profesora del área de Matemática Aplicada de la Universidad de Sevilla un maravilloso día soleado de noviembre de 1995. Rápidamente descubrí que la satisfacción de investigar es solo comparable a la de contar y enseñar lo que has descubierto. Durante más de diez años esto último se redujo al ámbito de mis clases en la Universidad y a las comunicaciones en congresos. Con la llegada de mis hijos se me planteó el reto de contarlo fuera del aula, en la alfombra del salón.

Mi hijo pequeño, Ventura, tenía 6 años en aquella época y me preguntó qué era eso que llevaba en la camiseta.

—Mami, ¿eso es una mesa o una portería de fútbol?

—Es un número, Ventura, se llama π (pi).

Él me miró extrañado, escéptico, como son y deben ser los niños.

—Es un número que está entre el 3 y el 4 —añadí.

—Mami, no hay ningún número entre el 3 y el 4. Está el 3 y después viene el 4.

—Bueno, sí que hay números entre el 3 y el 4, de hecho hay infinitos.

—¿Cuántos son infinitos, mamá? —mi hijo de 8 años se unió a la fiesta.

Como nunca fui cobarde, creo, y me encantaron sus preguntas, traté de explicarles estos conceptos como pude, inventando historias, explicando que el número π servía para medir círculos; sin él no podríamos medir las circunferencias, les dije. Y el infinito era algo que solo estaba en nuestra cabeza y que nunca podríamos alcanzarlo por mucho tiempo que estuviésemos contando.

Sus conclusiones, básicamente, fueron dos:

—¡Ah, claro! Por eso las pizzas se llaman pi-zzas, porque son redondas.

—El infinito es un invento de los matemáticos para cuando se cansan de contar.

Ese fue el Big Bang de mi carrera divulgadora. Con la ayuda del pincel y las acuarelas de Raquel GU (ilustradora de este libro) empezamos nuestro blog *Mati y sus mateaventuras*, pleno de historias rellenas de matemáticas o de matemáticas disfrazadas de cuentos.

Todavía nos sorprende el recibimiento que tuvo el blog, en principio para familias, entre los profesores de primaria y secundaria. Y no solo profesores: gente que pensaba que no le gustaban las matemáticas nos escribía para decirnos que así las matemáticas eran bonitas.

No tiene mérito; las matemáticas son bonitas porque lo son. Lo único que hicimos fue mostrarlo en contexto, dentro de historias. Aún hoy en día mucha gente asocia las matemáticas con hacer cuentas, con hacer divisiones o raíces cuadradas, pero eso no es matemáticas. Las matemáticas son, como ya he dicho hace unas líneas, un juego, un juego maravilloso y poderoso: son lo que tienen que ser. Son el lenguaje que describe nuestro mundo, son una forma de razonar con lógica y elegancia. Son la forma de entender nuestro universo.

Desde 14 de mayo de 2011 dedico parte de mi tiempo a la divulgación, para niños de 9 a 99 años, consciente de que a todo el mundo le gustan las matemáticas, solo que algunos aún no lo saben.

El libro que tienes en las manos pretende demostrar esto último, que te gustan las matemáticas. Si ya lo sabes, espero que disfrutes de este paseo por tu vida cotidiana encontrándolas en casi cualquier cosa que haces, desde atarte los zapatos hasta ese selfi en el que has salido tan bien, pasando por subastas, máquinas de coser, *Juego de tronos* o Google. Si eres de los que piensan que no le gustan las matemáticas, déjame convencerte de lo contrario: todo lo que haces está relleno de ellas y son apasionantes. Y si te convenzo solo te pido a cambio un favor: sal a la calle y grita que te gustan las matemáticas. Lo más alto que puedas. Desgraciadamente, aún en el siglo XXI, en medio de tanta tecnología hay gente (con un teléfono móvil en la mano) que afirma lo contrario, que asegura que las matemáticas no sirven para nada. Pues bien, ese sentimiento que flota en el aire es un freno en las ruedas del futuro de cualquier país, porque el futuro se escribe con M de matemáticas. El matemático Edward Frenkel tiene una frase tan cortita como elocuente para explicarlo: «Hay una pequeña élite que tiene el poder. Y lo tiene porque sabe matemáticas y tú no». Hagamos, como dice el también matemático Cédric Villani, que saber y entender matemáticas sea una prioridad nacional.

Ponte cómodo, relájate y déjate llevar en este paseo por tu cotidianidad. No querrás caer en el lado oscuro, ¿verdad? ¡Que las matemáticas te acompañen!

¡CUIDADO! ¡TU MURO DE FACEBOOK TE CUENTA MENTIRAS!

Si es usuario de redes sociales, posiblemente los resultados de las últimas elecciones le sorprendieron. Eso es porque pensaba, según lo que leía en su muro o *timeline* de esas redes, que la mayoría iba a votar lo mismo que usted. Pero no. Todos, o casi todos, fuimos engañados con un espejismo: el espejismo de la mayoría.

Como dice el título de este capítulo, uno no se debe fiar nunca (o casi nunca) de las tendencias —políticas o de cualquier otro tipo— que parecen mayoritarias en su entorno de redes sociales. Las redes sociales tienen, además de un montón de ventajas y aplicaciones, unas determinadas propiedades que nos pueden inducir a engaño o que van en contra de los que solemos llamar intuición.

Uno de estos comportamientos —llamemos extraños— de las redes, la conocida paradoja de la amistad, asegura que sus amigos tienen, en promedio, más amigos que usted y será analizada en el capítulo 9 al hablar de matemáticas para antivacunas. Aunque en principio, este hecho, el de que sus amigos tengan más amigos que usted, suene paradójico, con un pequeño análisis se puede entender por qué razón ocurre esto: basta con que

un amigo suyo sea «muy popular», tenga un número muy elevado de amigos, para que la media de amigos de sus amigos se dispare y usted se sienta como un pobre mindundi al compararse.

No se agobie; el uso de las medias en este tipo de experimentos sociales no es muy acertado ni objetivo, como no lo es si usamos esa misma medida, la media, para estimar los sueldos en un conjunto de personas entre los que está Amancio Ortega, por ejemplo, y un conjunto de becarios de Formación de Personal Investigador (FPI). El problema, en estos casos, es andar con medias y a lo loco. A poco que lo piensen todos los españoles, tenemos más piernas que la media (que es claramente inferior a 2 porque existen personas sin piernas en este país) y eso no nos convierte en un país de seres extraños, ¿no?

Pero siguiendo con las redes, en ellas encontramos otro comportamiento de los que hemos llamado «extraños» y que recientemente estudiaron unos investigadores de la Universidad del Sur de California: el espejismo de la mayoría. En cierto sentido, como vamos a ver, está bastante relacionado con la paradoja de la amistad, pero, antes que nada, vamos a tratar de explicarlo.

¿QUÉ ES LA ILUSIÓN DE LA MAYORÍA?

En pocas palabras, se trata de un fenómeno que provoca que la mayoría de un entorno social perciba como común o normal un comportamiento que es extraño. Para ilustrar este fenómeno, Kristina Lerman y sus colegas diseñaron un ejemplo bastante simple pero muy ilustrativo con una red social de solo 14 usuarios.

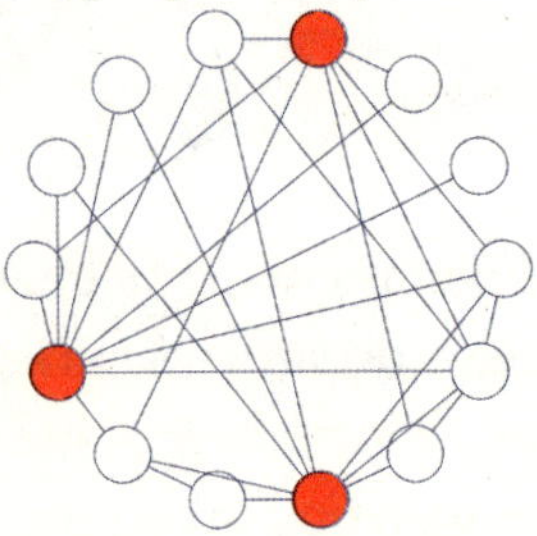

En la figura siguiente tenemos un grafo en el que cada punto es un usuario de una determinada red social, Facebook por ejemplo, y se han unido con líneas aquellos que son amigos en la citada red. De todos ellos, se han coloreado de rojo solo tres.

Si ese color rojo en esos tres vértices del grafo indica un determinado comportamiento de dichos usuarios, no sería lógico decir que se trata de un comportamiento habitual en la red, puesto que solo lo tendrían 3 de 14, menos de un 22 % de la población. Desde fuera de ese entorno social está bien claro que lo normal es el comportamiento de los usuarios coloreados en blanco. Pero, ojo,

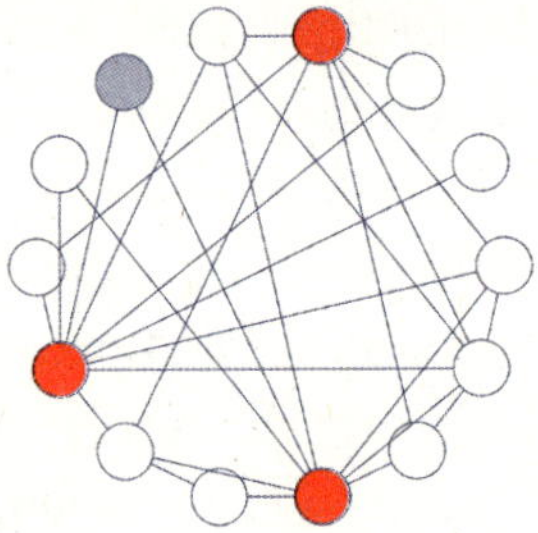

¿qué ocurre si le preguntamos a cualquiera de los usuarios en blanco qué observa en su red? Que nos encontramos con esto:

El usuario que hemos coloreado en azul en la figura anterior observa que el 100 % de sus amigos están en rojo, de lo que puede deducir que ser rojo es lo normal. En ese momento puede llegar a sentirse como un bicho raro y suele tomar, en general, una de estas dos posturas: o callarse y no divulgar su desacuerdo, o cambiar de opinión y pasarse al rojo. En general, si le preguntamos a cualquier usuario de los 11 en blanco, nos dirá que más del 50 % de sus amigos en la red social son rojos. Si elegimos otro azul (como en la siguiente figura) nos dirá que el 75 % de sus amigos son rojos.

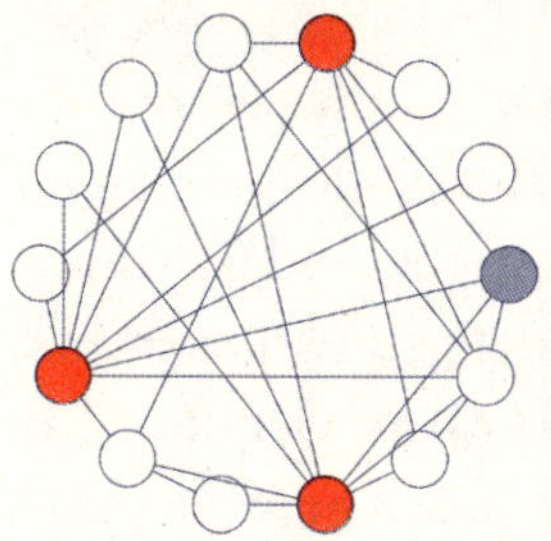

Es decir, que más del 78 % de la población (11 de 14 usuarios) nos dirá que lo normal es ser rojo en una situación en la que son rojos menos del 22 % de los usuarios. Esto es lo que Lerman y sus colegas han llamado *espejismo de la mayoría*. Este fenómeno explicaría, por ejemplo, que se acepten como normales (en algunos entornos) comportamientos de tipo xenófobo, machista, homófobo... porque algunos de sus miembros, menos del 25 %, los demuestran. Pero ¿esto ocurre siempre? Esto es, ¿pasaría lo mismo si pintamos de rojo otros tres usuarios distintos de la red? La respuesta es no, y en el mismo trabajo de Lerman lo ilustran con la siguiente figura:

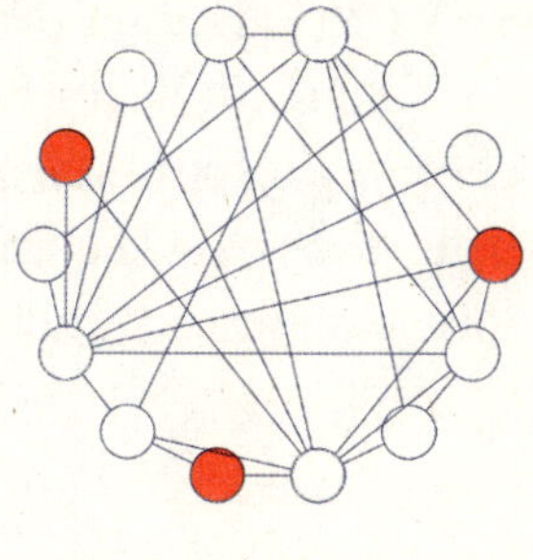

En este segundo ejemplo, los usuarios blancos ven que lo normal es ser blanco, que es lo que más se ajusta a la realidad. Es decir, que no se produce ese efecto, el espejismo de la mayoría. ¿Por qué? Pues, en cierto sentido, por lo mismo que ocurría en el caso de la paradoja de la amistad: porque el efecto extraño lo provocan los usuarios con muchos amigos o seguidores: en el primer ejemplo de Lerman, los tres usuarios rojos elegidos eran usuarios muy populares (*influencers* los llaman algunos), mientras que en el segundo ejemplo, no.

Este fenómeno explicaría también el hecho de que algunos contenidos se propaguen como virales por las redes, y otros, posiblemente más interesantes y más determinantes para la población, se pierdan en ellas sin alcanzar ni visibilidad ni gloria: basta con que lo publiquen usuarios con muchos seguidores para provocar este espejismo de mayoría.

De la misma forma, este fenómeno, como ya hemos dicho, nos puede inducir a formar conclusiones erróneas sobre algunas tendencias o aceptar como normales comportamientos que no lo son ni mucho menos. Esa sería la parte mala, claro. La parte buena es que, identificando a los usuarios más conectados, se podrían extender contenidos positivos o campañas de vacunas que llegarían a más miembros de la comunidad.

Visto lo visto, no se fíe siempre de lo que dicen los *influencers* de su red. Y, por favor, en el caso de que usted sea uno de ellos, sea responsable y no difunda mensajes que puedan ser peligrosos para la comunidad, como algún comentario xenófobo o algún argumento antivacunas.

LAS CURVAS DE BÉZIER: ¿qué ciencia se encuentra tras los cuadros de Picasso?

Si quieren conocer la respuesta, agárrense que vienen curvas. Concretamente, curvas de Bézier.

La primera y razonable respuesta a la pregunta de qué tienen que ver Picasso, los coches y las matemáticas podría ser: «Nada». Sin embargo, existe una relación bastante curiosa y está relacionada con una frase que se repite muchas veces cuando se intenta rechazar el mérito de parte de la pintura de Picasso: «Eso lo puede dibujar cualquiera, hasta un niño». Traigan a un niño, como diría Groucho Marx.

No es este el lugar para refutar semejante simpleza. Es más, voy a ir un paso más allá: algunos de los dibujos de Picasso son tan simples que hasta un matemático podría hacerlos. Toma ya. Efectivamente, gran parte de los dibujos del ilustre malagueño pueden ser reproducidos usando solo curvas de Bézier, que son un objeto matemático que casi seguro que has visto y usado alguna vez, aunque no seas consciente de ello.

Las curvas de Bézier fueron desarrolladas por el ingeniero francés Pierre Bézier, que trabajó para Citroën y para Renault. A principios de la década de 1960 desarrolló dicha herramienta y la usó con profusión en el diseño de piezas de automóviles. Posteriormente fueron adoptadas también por la industria aeronáutica, y en la actualidad casi cualquier programa informático que tenga que ver con gráficos las tiene como herramienta.

Sí, hablamos de esa herramienta de diseño que sirve para dibujar curvas y que nunca las dibuja exactamente como queremos. Bueno, el primer y último punto sí, pero la zona intermedia siempre nos sorprende, incluso a veces nos cabrea. Le ha ocurrido alguna vez, ¿verdad? Vamos a tratar de ver cómo funciona y cómo se trazan las curvas de Bézier para que no nos pille desprevenidos la próxima vez.

Una curva de Bézier depende siempre de tres o más puntos, que son los llamados puntos de control. Tenemos que imaginarlos como el camino descrito por un objeto que va desde el primer punto hasta el último, pero que se siente «atraído» por los puntos intermedios.

Aunque en la mayoría de las aplicaciones se utilizan cuatro puntos de control, creo que deberíamos empezar por las curvas que solo utilizan tres. Abrimos nuestra aplicación de dibujo favorita, seleccionamos la herramienta que dibuja curvas (de Bézier) y marcamos con el ratón un punto, arrastramos hasta otro y soltamos: hemos creado nuestro segundo punto de control. Ahora nos movemos hasta un tercer punto en el que hacemos doble clic para terminar de dibujar la curva. Estos son nuestros tres puntos:

En contra de lo que cabría esperar, el programa nos dibuja esta curva:

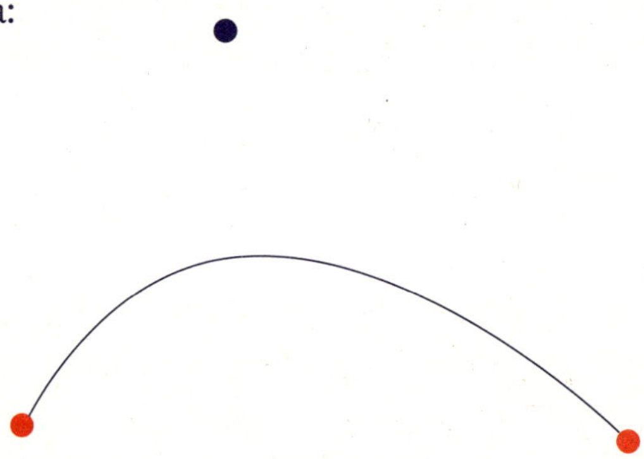

Pero ¿por qué? Para entenderlo haremos lo siguiente: unimos con una línea el primer punto (el rojo más a la izquierda) con el intermedio (azul) y este con el final (rojo):

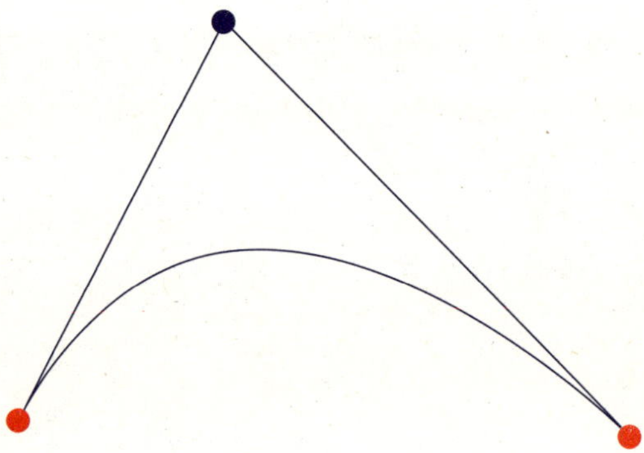

Pensemos ahora que un punto azul claro se pone a caminar desde el primer punto rojo hasta el intermedio y otro, que sale al mismo tiempo desde el punto azul, se pone a caminar desde dicho punto azul hasta el último rojo, pero los dos puntos azul claro no caminan a la misma velocidad, sino que ajustan sus velocidades para llegar ambos a la vez a sus respectivos destinos:

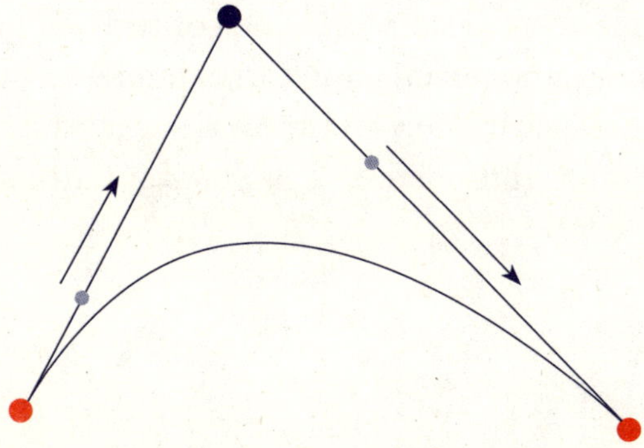

Unimos ahora ambos puntos azul claro con un elástico (elástico porque la distancia entre ellos varía según se mueven) y en dicho elástico viaja un punto morado que va desde un punto azul claro hasta el otro azul claro y que también ajusta su velocidad para empezar su recorrido a la vez que ambos azul claro y terminar con ellos:

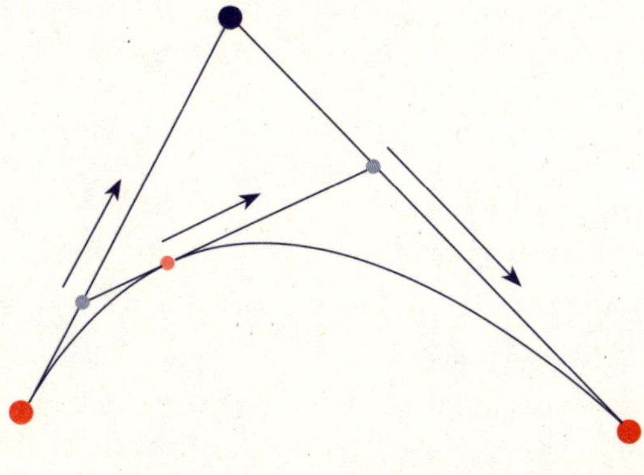

Pues si dibujamos la ruta que sigue dicho punto morado, obtenemos exactamente la curva de Bézier definida por los puntos rojos y el azul.

¿Y si tenemos cuatro puntos de control? El proceso es similar: empezamos en un punto, arrastramos hasta otro, nos movemos hasta el último y arrastramos para crear el «tirador» (segundo punto intermedio). Los cuatro puntos son estos:

Y el resultado es esta «carita triste»:

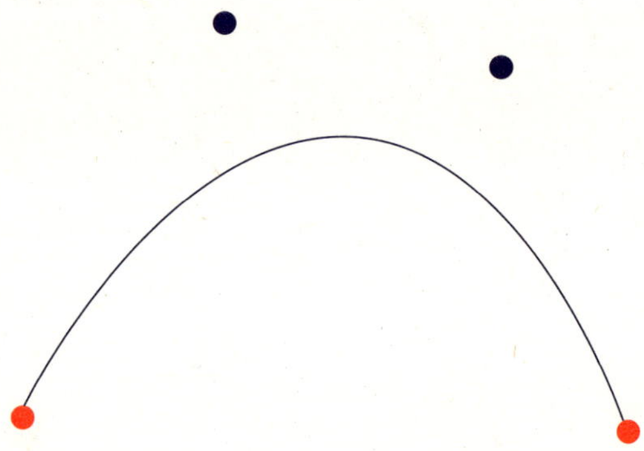

¿Cómo se llega a ella? Pues por un procedimiento similar al descrito antes: unimos el primer punto con el segundo, este con el siguiente y el tercero con el último:

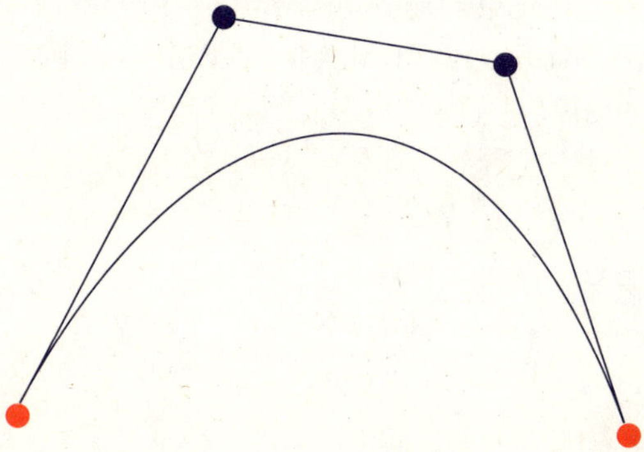

Y ahora tres puntos azul claro se ponen a caminar por cada uno de los tres segmentos de tal forma que salgan y lleguen a la vez. Entre el primer y el segundo punto azul claro llevan un elástico por el que camina un punto morado, y entre el segundo y el tercero hacemos igual, y ahora le damos otro elástico que va entre ambos puntos morados y por dicho elástico camina un punto marrón que será el que trace la curva:

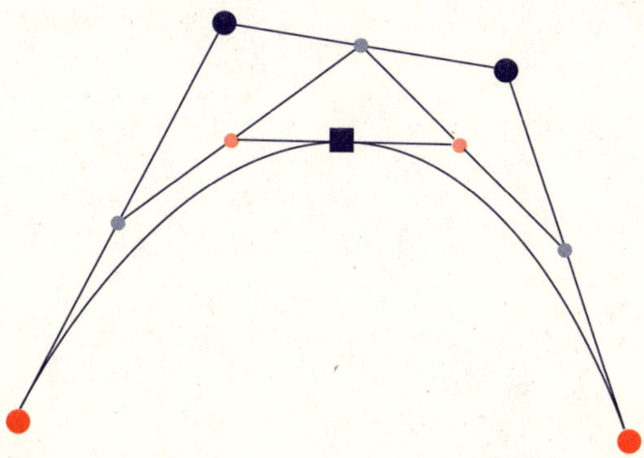

Y ya está. Bueno, ya está, no; pueden seguir añadiendo puntos de control y obtener curvas de Bézier monísimas.

La próxima vez que intenten usar una curva de Bézier en su ordenador y no les salga el dibujo esperado, piensen que a lo mejor no son tan simples los dibujos de Picasso como algunos creen.

LA *KHALEESI* NO ES EL PERSONAJE MÁS IMPORTANTE DE *JUEGO DE TRONOS*

Tanto si han visto la serie (o han leído los libros) como si no, estoy segura de que casi todos han oído hablar de *Juego de tronos*, ¿verdad? Un reciente trabajo matemático sobre esta saga desvela que Daenerys Targaryen no es tan protagonista como parece.

Hace algún tiempo se publicó en la revista *Math Horizons* de la Mathematical Association of America un artículo titulado «Network of Thrones» (red de tronos), de Andrew Beveridge y Jie Shan, profesor y estudiante respectivamente de la Macalester College de Minnesota. Lo de Minnesota es importante para entender por qué alguien se dedica a hacer trabajos como el que les voy a contar.

En el citado artículo, los autores han utilizado técnicas matemáticas de redes y teoría de grafos —y algo del algoritmo de Google— para tratar de decidir quiénes son los verdaderos protagonistas de *Juego de tronos*.

Antes de pasar a explicar cómo lo han hecho Beveridge y Shan, déjenme que les confiese que hemos exagerado un poco en el título. Si bien es cierto que Daenerys Targaryen no aparece como personaje principal en el artículo citado, también lo es que los autores han usado para su base de datos el tercero de los libros de George R. R. Martin, *Tormenta de espadas*, y ahí nuestra *khaleesi* aún no la ha liado del todo parda.

Ahora sí, vamos a ver cómo lo han hecho. Los autores han construido un grafo con los personajes de la serie y sus relaciones. Un grafo se puede entender como un conjunto de puntos que llamamos vértices y unas líneas que unen a algunos de dichos puntos, de dos en dos, a las que llamamos aristas.

Un ejemplo simple y conocido de grafo es, por ejemplo, Facebook: los vértices son los usuarios de esta red social y dos de ellos están unidos por una arista si son amigos en dicha red. En el capítulo 1 de este libro ya usamos algún grafo para explicar la ilusión de la mayoría.

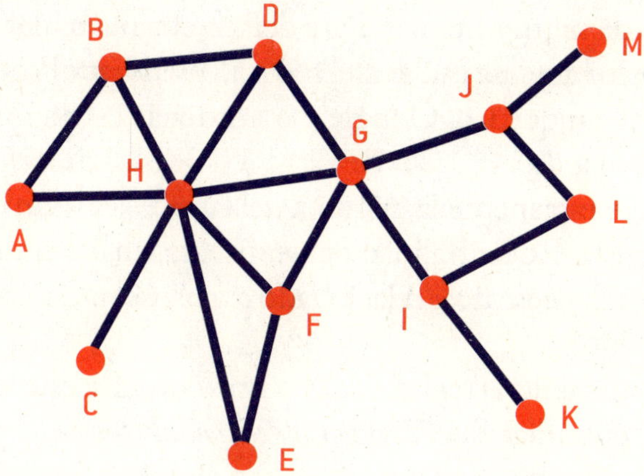

Volvamos con los tronos. En el grafo de Beveridge y Shan, los vértices son todos los personajes que aparecen en el citado libro: un puntito por cada uno de ellos hasta un total de 107 vértices o personajes. Estos puntos se unen entre sí, con aristas, si *a*) existen entre ellos lazos familiares o de amistad, *b*) se mencionan juntos, o *c*) si sus nombres aparecen en el texto a menos de 15 palabras de distancia. Aquí es donde entra la importancia del dato de Minnesota, hay que estar muy aburrido para dedicarse a estas cosas. Es broma.

Con estas tres reglas se han creado 353 enlaces (aristas) entre puntos. Eso sí, cada uno de estos enlaces lleva asignada una medida, un peso en función de las veces que aparecen juntos, de lo cercanos que sean familiarmente... Podemos interpretar este peso como que algunas aristas (líneas que unen los vértices) son más gordas que otras porque aparecen más veces relacionadas en el texto.

Aparte del grosor o peso de las aristas, también los vértices y las etiquetas de los mismos tendrán distintos tamaños en función de su importancia. Para definir el tamaño del vértice (punto), los autores utilizan el método usado por PageRank, el algoritmo que usa Google para ordenar las páginas por importancia.

Para el tamaño de la etiqueta del vértice se basan en otra medida, la de la centralidad del vértice, calculada en función del número de vértices relacionado con él y el peso de dichas relaciones.

Con todas estas reglas, el algoritmo devuelve este grafo (o red) del entramado de *Tormenta de espadas*:

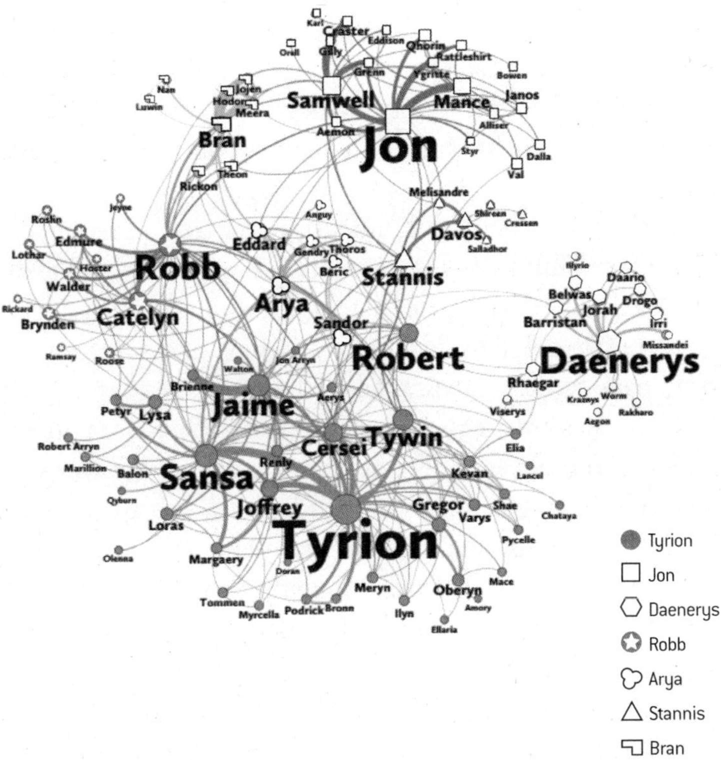

Como se intuye en la ilustración anterior, el algoritmo usado por estos autores para construir el grafo de *Juego de tronos* devuelve un grafo con los vértices agrupados en 7 comunidades o subredes muy conectadas (en la imagen anterior cada comunidad tiene un color distinto para sus vértices), lo que coincide con el hilo narrativo del libro.

Observamos también que todo se organiza alrededor de unas cuantas personas altamente conectadas: Tyrion, Jon, Robert, Daenerys...

Estos hechos (la agrupación por comunidades y la gran influencia de unos pocos vértices) se observan en casi cualquier red social real. De hecho, como ya vimos en el capítulo 1, son estos personajes tan conectados los que dan lugar al espejismo de la mayoría.

Pues bien, según el algoritmo de Beveridge y Shan, el verdadero protagonista es Tyrion. Le siguen Jon Snow —por tener una posición única en la red al estar conectado con los señores de alta cuna, con la Guardia de la Noche y con los Salvajes al norte del Muro— y Sansa Stark por su potencial poder como heredera y su papel de peón en los juegos de poder.

No aparece tanto, como decíamos, Daenerys Targaryen, pero es porque aún estamos con el tercer libro; no hay que ponerse nerviosos. De hecho, les animo a que hagan este grafo para los siguientes libros y ya verán como el vértice de la *khaleesi* les sale bien gordito. Bueno, al final, entre los fanáticos de la serie y estos trabajos me van a convencer para que vea la serie.

A PROPÓSITO DE LA LAZADA DE LOS ZAPATOS

El matemático es ese ser que puede llegar a formularse preguntas incluso a la hora de atarse los cordones de los zapatos. Mejor dicho, sobre cómo atarse los cordones de los zapatos. ¿Cuántas formas distintas hay? ¿Cuál es la más eficiente?

Para los que están fuera del mundo de la investigación científica, puede que la revista *Nature* no les diga demasiado, pero para los que estamos en él, conseguir publicar un artículo en esa revista puede ser una garantía de alcanzar un gran prestigio (y algunos puntos para seguir promocionando la carrera académica, si es el caso).

Pero los matemáticos tenemos un problema: muy pocas publicaciones de esta rama son aceptadas por su comité editorial, así que, en realidad, nunca o casi nunca mandamos nuestros trabajos a *Nature*. Por ejemplo, los dos resultados matemáticos que más repercusión han tenido en la prensa mundial —la demostración de Andrew Wiles del último teorema de Fermat y la de Grigori Perelman de la conjetura

de Poincaré— fueron presentados en foros exclusivos de las matemáticas.

Bueno, en realidad lo de Perelman fue para darle de comer aparte (por no decir lo de darle dos collejas, que queda regular): no llegó a publicar la demostración completa en ninguna revista especializada y solo la dejó disponible en internet. Este hecho fue aprovechado por dos matemáticos chinos que la publicaron diciendo que Perelman solo había publicado los resultados preliminares y las ideas y que ellos la habían desarrollado. Naturalmente la comunidad internacional no dio ninguna validez a los argumentos mostrados por los dos profesores chinos y Perelman continuó con su *show*: renunció al premio más importante que se otorga a los matemáticos, la medalla Fields, y al otorgado por el Instituto Clay por haber demostrado uno de los problemas del milenio, con una dotación de un millón de dólares. En fin.

Pero volvamos a *Nature*. Como decía, son muy pocos los trabajos matemáticos que en ella se publican, y la mayoría de ellos son investigaciones interdisciplinarias que tienen que ver con resolución numérica de sistemas de ecuaciones diferenciales. Esos trabajos suelen tener también un fuerte impacto en otras ramas del saber, como la física o alguna ingeniería. Por ello no deja de ser absolutamente sorprendente que un profesor australiano, Burkard Polster, consiguiera publicar un artículo en *Nature* en 2002 que trataba sobre... ¡las matemáticas de los cordones de los zapatos!

En el artículo, el autor abordaba tres cuestiones absolutamente trascendentales para la humanidad: cuántas formas distintas hay de pasar un cordón por los ojales de un zapato, cuál es la que necesita menos longitud de cordón y cuál es la más fuerte. La respuesta a la primera de las preguntas es: muchas. Piénsese que si tenemos 12 ojales, podemos empezar en cualquiera de ellos, continuar en otro y así hasta llegar al último, eso es 12! = 479.001.600 (aclaración: 12! no es decir 12 gritando como comentan algunos graciosos, sino el factorial de 12, es decir: 12! = 12 × 11 × 10 × 9 × 8 × 7 × 6 × 5 × 4 × 3 × 2). Pero además, cada una de esas pasadas se puede hacer en dos sentidos, lo cual da un total de 1.961.990.553.600.

Naturalmente, la mayoría de esas formas son absurdas, y por esa cuenta tan sencilla no se consigue una publicación en *Nature*. Polster se puso unas restricciones lógicas que iban desde empezar y acabar en un extremo, o que sea el mismo, hasta que cada ojal cumpla un papel para apretar el zapato, o que fuera estético el conjunto bajo ciertos parámetros.

En este caso, llegar a una fórmula es mucho más complicado, pero con la que Polster ha obtenido llegamos a que en el mismo zapato hay 43.200 formas «razonables».

Ahora bien, ¿cuál de esas 43.200 es la que necesita menos longitud de cordón? Este es un problema aún más complicado porque no olvidemos que una de las condiciones es que cada ojal cumpla un papel de sujeción del zapato. Utilizando diversos métodos combinatorios, el autor de nuevo llegó a una conclusión: el conocido como método de «corbata de moño» (C) es el más eficiente en este sentido, esto es, en el de minimizar la longitud del cordón.

Por último, quedaba la cuestión de cuáles son más fuertes según su conclusión. Para averiguarlo tuvo que definir las ecuaciones apropiadas que modelaban tal fenómeno, que son dos de los más tradicionales: el de cruce (A) y el recto (B).

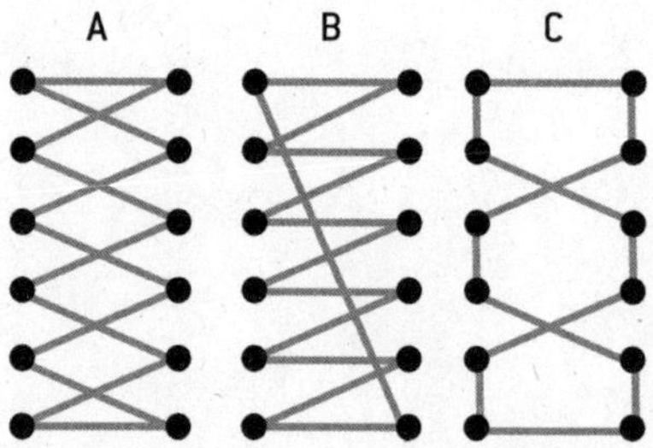

En esta figura, las configuraciones A y B son las más comunes para atarse los zapatos y también son las más fuertes. La configuración C es una de las que menos utilizan longitud de cordón.

En el mismo trabajo también se analiza cómo se debe, finalmente, hacer el nudo de los cordones para que sea lo más fuerte posible. La mayoría de nosotros hace primero un nudo con los dos extremos de los cordones y después dos lacitos que volvemos a anudar en el mismo sentido en el que hemos hecho el primer nudo. Es una cuestión de costumbres y lateralidad.

Pues bien, si el segundo nudo, el de los lacitos, se hace en sentido contrario al del primer nudo, no habrá quien desate los zapatos. Bueno, y no olviden la seguridad que nos daba el triple nudo que nos hacían nuestros abuelitos para que no nos cayésemos al pisarnos los cordones. Ese no lo ha tenido en cuenta nuestro matemático australiano.

CÓMO TRANSPORTAR UN SOFÁ POR UN PASILLO

Seguro que alguna vez han hecho mudanza y han tenido que sacar muebles a través de pasillos sudando lo suyo con alguno de ellos. Por ejemplo, han tenido que deshacerse de un viejo y enorme sofá. Pero ¿cómo de grande puede ser el sofá como máximo para que no se nos quede atascado al girar? No, no vale pensar en sofás desmontables suecos que se transportan en cajas.

Imaginen que estamos a principio de año, tiempos de cambios y de ambiciosos propósitos. Los hay que deciden apuntarse a un gimnasio, los más a una academia de inglés y unos pocos, a los que les ha quedado dinero tras las fiestas, a cambiar los muebles de casa. Ninguno de los tres propósitos es simple, pero como esto va de mates, no hablaremos ni de inglés ni de gimnasios, aunque es posible, eso sí, que acabemos sudando.

Vamos a ponernos un reto no muy difícil: supongamos que queremos mover un mueble a lo largo de un pasillo, ¿cómo de grande puede ser dicho mueble? Pues sí, aunque parezca mentira, este es un problema que también han considerado los matemáticos, entre otras cosas porque tiene aplicaciones en robótica (movimientos de robots) y porque nos depara más de una sorpresa. Estamos ante el problema del sofá.

Para simplificar la cuestión, y puesto que podemos suponer que los robots se mueven por el suelo, es más fácil considerar el caso de dos dimensiones: un pasillo será el terreno comprendido entre dos líneas rectas, y nos preguntamos si cierta región plana (que representa a nuestro sofá) cabe por dicho terreno. Si el pasillo es recto, la respuesta es conocida desde hace más de treinta años. No voy a dar los detalles, solo unas palabras clave por si alguien quiere profundizar un poco más: basta con calcular la anchura del mueble como sigue. En la siguiente figura tenemos en azul el pasillo y en rojo el presunto sofá que pueden llamar, por su atrevido diseño, sofá Pythagausseulerdöska.

La solución, en este caso, en el de dos dimensiones, tiene dos pasos fundamentales. En el primero de ellos debemos calcular la envolvente convexa del mueble, rellenando los huecos tal y como aparece en la figura siguiente. Intuitivamente pueden pensarlo como que rodean todo el sofá con una banda elástica, ya que la envolvente convexa es la forma que adoptaría esa banda.

A continuación, calculamos las dos líneas paralelas más cercanas que encierran a esa figura (la envolvente convexa del sofá). Esto se puede hacer calculando la distancia entre cada segmento del borde (de la banda elástica) y el vértice más alejado a la línea que determina dicho segmento. O bien pensando en usar la misma técnica de calibre que usan los fontaneros para medir tubos, por ejemplo.

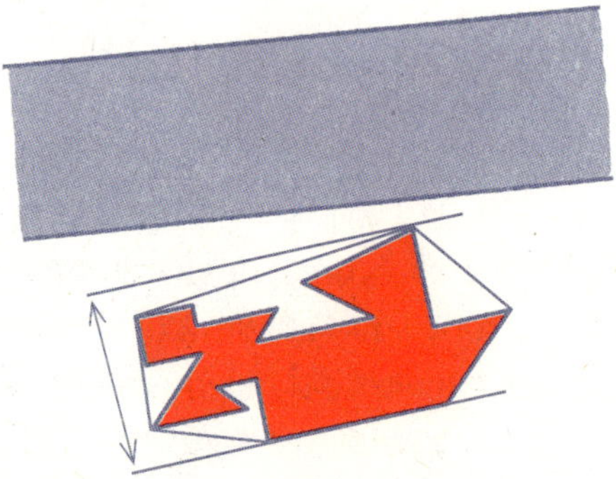

Si la distancia entre esas dos paralelas es menor que la anchura del pasillo, entonces nuestro mueble cabe, en otro caso, no. Y la solución en ese caso, en el caso de que no quepa, la dejo a gusto del usuario. Naturalmente, la cosa se complica si tenemos un pasillo que no es recto. En 1996, el matemático Leo Moser se preguntó cuál era la figura de área máxima que podríamos pasar (girar) por un pasillo en forma de «L» y de anchura de un metro.

A poco que lo piensen, pueden sospechar o pensar que un semicírculo de radio un metro, que puede girar en esas condiciones, es el objeto de mayor área que podemos transportar, área que, por cierto vale $\pi/2 \approx 1{,}570796...$

Pero no, el británico John Hammersley (matemático que, dicho sea de paso, es especialista en percolación) encontró un «sofá» de área mayor que también cabe por ese pasillo.

El «sofá» de Hammersley tiene forma de auricular de los teléfonos de antes y sus componentes son arcos de circunferencias y segmentos de rectas y tiene un área de $\pi/2 + 2/\pi \approx 2{,}2074...$ Mayor que la del semicírculo de radio 1 que decíamos antes.

Sin embargo, este no es el mayor objeto que podemos mover por ese pasillo. En 1991, Joseph L. Gerver diseñó una complicada modificación del anterior que tenía un área mayor.

En el «sofá» de Gerver ya no tenemos arcos de circunferencias y segmentos, sino curvas más complicadas (siguen existiendo segmentos) y su área es de 2,219531669, que sigue siendo el récord hasta el momento. Desde entonces, nadie ha conseguido demostrar que este sea el sofá de mayor área o encontrar otro mayor.

Fascinante, ¿no creen? Claro que todos estos maravillosos retos para la mente los eclipsan rápidamente unos fabricantes de muebles nórdicos que te venden el sofá por piezas en cajas del tamaño de las de zapatos. ¡Ay!

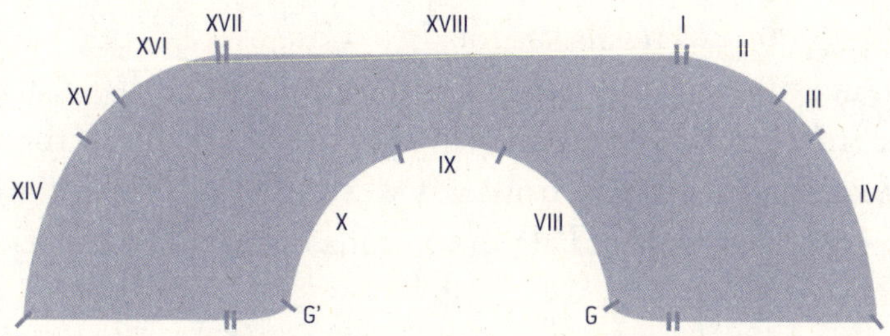

POR ESTO LAS LISTAS DE CONSEJOS NO SIRVEN DE NADA

¿No les da la sensación de que las personas que saben cómo manejar nuestras vidas no tienen mucha idea de cómo manejar las suyas propias? Es aquello tan castizo de consejos vendo que para mí no tengo. Sin embargo, se puede demostrar matemáticamente que los problemas se resuelven más rápido si, de vez en cuando, nos salimos de todas las listas de consejos, si somos más genéticos.

Todos sufrimos, en mayor o menor medida, esas comidas familiares propias de las fechas en las que celebramos el triunfo del día sobre la noche a partir del solsticio de invierno e, irremediablemente, la mayoría tenemos que escuchar con paciencia a algún familiar, posiblemente un cuñado, que nos regala sus mejores consejos sobre qué hacer con nuestras vidas. Como dice mi madre, son dos días al año, qué trabajo te cuesta escucharlo y ser amable. Pero esta maña *cuñadil* ha traspasado fronteras y es difícil terminar el día sin encontrar en la red alguna entrada del tipo «10 consejos para...».

Voy a dar hoy un consejo: no deis consejos. Y no solo porque pueden llegar a cansar a los demás, sino porque si

seguimos todos los mismos consejos y convergemos todos en el mismo perfil, ya sea como humano o como usuario de Twitter, Facebook, Instagram, Flickr... no habrá evolución, no mejoraremos. Puede que todos lleguemos a ser un poco mejor, pero no llegaremos a las cotas más altas porque no existirá el elemento diferenciador que produzca la mutación necesaria para mejorar la especie. Huy, qué serio y profundo me ha quedado. Voy a explicarlo con matemáticas porque me resulta más fácil. Al menos, voy a intentarlo.

Existen problemas de optimización (encontrar el mejor valor para una determinada función objetivo: costes, beneficios, tiempo...) que no es posible resolver usando los métodos clásicos, ni siquiera aprovechando la potencia de un ordenador. Uno de los más típicos problemas de este tipo se conoce como el problema del viajante (*traveling salesman problem*, TSP por sus siglas en inglés). El planteamiento del TSP es muy simple: dado un conjunto de ciudades conectadas por carreteras, se trata de diseñar la ruta más corta que, saliendo desde un determinado punto, recorra todas las ciudades y vuelva al punto de partida. Por ejemplo, en la figura siguiente, se trataría de diseñar una ruta que, saliendo desde el punto marcado como casita, pasara por todas las librerías del plano y volviera al principio.

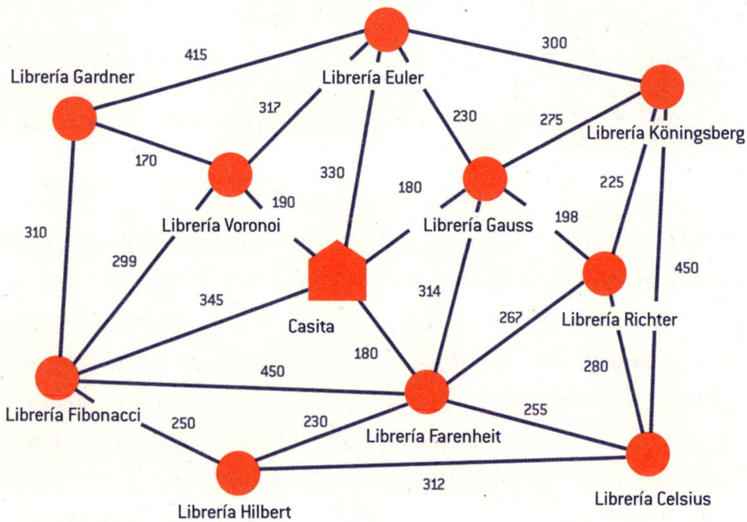

En un primer acercamiento a este problema, alguien podría pensar, y con razón, que para resolverlo basta con probar con todas las rutas posibles, intercambiando el orden de las ciudades visitadas, calcular la longitud de cada una de esas posibles rutas y quedarse con la más corta. Bien. Salvo por el pequeño detalle de que solo es posible calcular esta solución para un número muy pequeño de ciudades. Para que nos hagamos una idea, si tenemos 100 ciudades, el número de rutas posibles es 100! (= factorial de 100, el signo de admiración no significa que esté gritando) y 100!, créanme, es un número una *jartá* de grande. Es mucho más grande que el número de partículas elementales en el universo observable. Por lo tanto, este primer intento de solución no es válido ni con la potencia de cálculo de los ordenadores.

¿Qué hacemos cuando no podemos encontrar la solución óptima (la mejor) ni siquiera con ordenadores? Pues se trata de buscar la mejor posible por aquello de que a falta de pan... Para ello se pueden usar, por ejemplo, los llamados algoritmos genéticos: algoritmos que tratan de simular el proceso darwinista mediante el cual la naturaleza consigue especies que se adapten a su medio. Voy a intentar explicarlo con un ejemplo del «problema TSP».

Supongamos que tenemos 6 ciudades a las que denominamos A, B, C, D, E y F. Tratamos de encontrar la permutación óptima de dichas letras que nos dé la distancia mínima (saliendo de A y volviendo a A). Los elementos que componen nuestro algoritmo genético son los siguientes:

> Una población inicial: Esta población inicial tendrá el número de individuos que decidamos de antemano. Para

obtener dicha población nos basta con encontrar aleatoriamente tantas permutaciones como sean necesarias y, entre estas, escogemos por sorteo unas cuantas. Supongamos que, en nuestro caso, la población inicial es de 6 individuos. Construimos dichos individuos aleatoriamente y obtenemos los siguientes:

{ABEFDC, ABCEFD, AEBCFD, ACDBEF, AEFCDB, ADCBFEE}

Empezamos siempre en la A, que es donde está el punto de partida, y entendemos que al final hemos de volver a A.

> Una función de evaluación: Algún criterio que nos mida cómo de buenos son los elementos de esta población que hemos creado aleatoriamente, asignando a cada elemento un número que será la medida de su aptitud. En el ejemplo de las 6 ciudades, este número sería la longitud de cada una de las rutas, sumando las distancias entre elementos consecutivos de cada permutación: para ABEFDC, por ejemplo, medimos la distancia de A a B, le sumamos la distancia de B a E, de E a F, de F a D, de D a C y de C a A.

Si una de las parejas elegidas es, por ejemplo, la formada por los individuos ABCEFD y ACDBEF, tenemos que cruzarlos para obtener un nuevo individuo para la siguiente población.

Hay varios métodos para hacer esto; voy a proponer uno simple: hacemos otro sorteo y elegimos un número entre 2 y 4. Sale 3. Eso significa que al cruzar ABCEFD con ACDBEF, vamos a obtener dos hijos: para el primero escogemos las 3 primeras ciudades de ABCEFD: ABC y el resto de las ciudades las recorremos, después de C, en el orden en el que aparecen en el otro progenitor, ACDBEF: después de C está D, después estaría B, pero como por B ya hemos pasado, nos la saltamos y vamos a E y por último a F; por tanto, el primer hijo sería ABCDEF. Ahora hacemos lo mismo empezando por ACDBEF y obtenemos el segundo hijo: ACDBEF (que, curiosamente, es igual que uno de sus padres, pero no nos preocupamos por ello).

Con este procedimiento tendríamos 2 hijos de cada una de las 3 parejas elegidas por sorteo, es decir, 6 nuevos individuos para volver a empezar y repetir el proceso si queremos mejorar la aptitud. Pero, ¡ojo!, ahora viene un detalle muy importante. Ahora interviene un elemento esencial, sin el cual el método no funcionaría; sin él la naturaleza no habría obtenido los individuos que mejor se adaptan a su hábitat: la mutación, las *cadaunadas*.

Mutaciones ocurren pocas y la mayoría son regresivas: dan peores individuos, pero, muy de vez en cuando, producen individuos mejor adaptados y sin ellas, el proceso darwiniano no tendría sentido. Así, lo que hacemos es, una vez obtenidos los hijos, realizamos un nuevo sorteo pero tal que la probabilidad de ser mutado sea muy pequeña (digamos 1 entre 1.000). Así, de cada 1.000 individuos mutamos aproximadamente a 1. Supongamos que uno de los hijos que hemos obtenido en el proceso anterior ABCDEF sale mutante: ¿qué hacemos? Otro sorteo (ya llevamos unos cuantos) y sacamos dos números entre el 2 y el 6, por ejemplo 3 y 5, pues intercambiamos las ciudades que aparecen en tercer y quinto lugar para obtener ABEDCF. Se trata ahora de medir la aptitud de la nueva población; si nos satisface, paramos; en otro caso, repetimos el proceso.

Lo increíble de este tipo de algoritmos en el que se toman tantas decisiones aleatorias, con tantos sorteos, es que en muy pocos pasos se consiguen soluciones muy buenas. De hecho, existe un resultado matemático que nos asegura que, con este método, vamos a aproximarnos a la solución óptima tanto como queramos (cuantas más generaciones mejor) y que si no tenemos en cuenta algunos de los elementos, puede que nunca nos aproximemos a esa solución por quedarnos estancados en lo que se llama un óptimo local sin llegar al óptimo global, que es lo que estamos buscando.

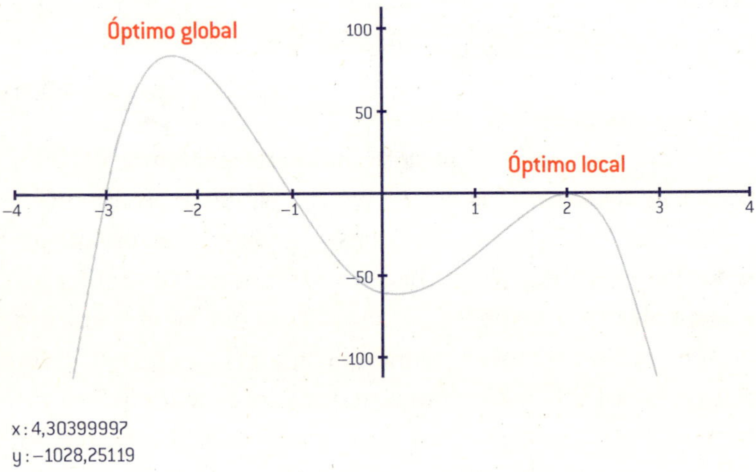

¿Y qué tiene que ver todo esto con las listas de consejos para usar Twitter, Facebook, Instagram, Flickr...? Si todos adoptamos las listas de consejos, no estamos siguiendo un proceso evolutivo: nos estamos estancando en óptimos locales —que hacen que todos los individuos se parezcan— y eliminamos diversidad, que es fundamental para obtener mejores elementos. En algún sentido se puede decir que el mestizaje es fundamental para la mejora de la población, y que poblaciones muy endogámicas (como las familias reales) suelen degenerar y dar individuos muy defectuosos.

Un consejo: mézclense, y si alguna vez se les ocurre algo que a los demás les parece una auténtica locura, recuerden lo que decía Gaudí: «Mis ideas son de una lógica indiscutible; lo único que me hace dudar es que no hayan sido aplicadas anteriormente». No duden.

LOS PELIGROS DEL ANUMERISMO

Ser anumérico (no manejar con soltura conceptos matemáticos básicos) puede inducirnos a comportamientos no siempre razonables, como hacer una cola interminable para comprar lotería, y en ocasiones con graves consecuencias, sobre todo cuando nos presentan un producto bancario o nos muestran un análisis médico.

En los tiempos que corren (y menos mal que corren), estamos siendo bombardeados continuamente con datos estadísticos y, créanme, no siempre bien interpretados. Algunos nos afectan más, como las cifras relativas al desempleo, y otros menos, como el tiempo de posesión de balón de un determinado equipo.

Sí, ya sé que hay quien prioriza en orden inverso los ejemplos anteriores, incluso yéndose a ver un partido de fútbol el mismo día en el que el país que preside suplica de Europa un rescate económico. Hay gente *pa' tó*, como dijo aquel torero refiriéndose a Ortega y Gasset.

Pero no me queda duda de que, si la estadística se refiere a una prueba médica que nos acaban de hacer para detectar

si tenemos una enfermedad mortal, el asunto nos pone en guardia a todos. Por eso, y porque a todos alguna vez nos darán los resultados de un análisis, y convendría saber interpretarlos con rigor y actuar racionalmente en consecuencia.

Imaginemos que nos hacen un test para determinar si tenemos cierta enfermedad para la que, por ejemplo, no existe tratamiento y que nos llevará a una muerte segura, rápida y muy dolorosa. Imaginemos que el test da positivo. En estas circunstancias, algunas personas, si no se informan de la fiabilidad de la prueba y de la frecuencia de dicha enfermedad en la población, podrían tomar decisiones drásticas y muy muy perjudiciales para ellos y sus familias —de perdidos al río—, como colgar una foto haciendo desnudos en Instagram. Pero ¿y si no están enfermos?

Sí, puede que no estén enfermos. ¿Cuál es la probabilidad de tener esa enfermedad malísima si el test ha dado positivo? Pues, depende, claro. ¿De qué depende? Como he dicho unas líneas antes, de la frecuencia con que esa enfermedad afecta a la población y de la fiabilidad del test realizado. Vamos a suponer, para ilustrarlo con un ejemplo, que la enfermedad en cuestión es una que solo afecta al 0,1 % de la población (1 de cada 1.000) y que se ha realizado el test a 10.000 personas. Usamos números redondos para facilitar los cálculos. En cuanto a la fiabilidad de la prueba, supongamos que en caso de enfermedad, el análisis la detecta correctamente en el 80 % de los casos, y que si no hay enfermedad, el test es correcto en el 90 % de los casos. En estas condiciones, si ha salido positivo, ¿qué probabilidad hay de que esté enfermo? Algunas personas responden a esta pregunta diciendo que un 80 %. Vamos a verlo.

Si la frecuencia de la enfermedad es del 0,1 %, en un grupo de 10.000 personas habrá aproximadamente 10 personas enfermas. Al realizar el test, este dará 8 casos positivos, los de personas realmente enfermas (solo detecta correctamente la enfermedad en un 80 % de los casos), y 999 falsos positivos. ¿De dónde salen esos 999 falsos positivos? Si hay, como hemos dicho, solo 10 personas enfermas (por ser la frecuencia de la enfermedad del 0,1 %), habrá 9.990 personas sanas. Como la prueba detecta que no estás enfermo correctamente en el 90 % de los casos, dará un falso positivo en un 10 % de estos 9.990, es decir, dará un falso positivo a 999 personas.

Resumiendo, de las 10.000 personas sometidas al test, 1.007 (8 + 999) darán positivo en la prueba, pero solo 8 de ellas tienen la enfermedad. Por lo tanto, la probabilidad de que en estas condiciones estés enfermo si el test sale positivo es de 8/1.007, esto es, del 0,79 %: solo hay que usar el teorema de Bayes...

Pero, vamos, que convendría someterse tranquilamente a otras pruebas antes de hacerse un *Leaving Las Vegas*. Lo de subir una foto de tu espalda a cualquier red social lo dejo a tu elección, no seré yo quien censure ese tipo de cosas. Lo inmoral no tiene nada que ver con fotos, va por dentro y es invisible a los ojos, como lo esencial.

CAOS Y METEOROLOGÍA: ¿es realmente posible predecir el tiempo?

A menudo hacemos chistes sobre los fallos del hombre del tiempo y no nos fiamos de su predicción, pero ¿es tan fácil predecir el comportamiento del clima? ¿No han encontrado ya los matemáticos y/o los físicos alguna fórmula exacta para predecirlo?

Cuando alguien me pregunta qué es eso del anumerismo, suelo contar la primera anécdota que, en su libro *El hombre anumérico*, relata John Allen Paulos. Según cuenta él, durante una cena con amigos, el hombre del tiempo en la televisión anunció que la probabilidad de lluvia para el sábado era del 50 % y también era de 50 % la probabilidad de lluvia para el domingo. De estos datos, uno de los comensales dedujo que la probabilidad de lluvia en el fin de semana era ¡del 100 %!

No es difícil rebatir esta tesis con probabilidad, pero lo más fácil, creo yo, es hacerlo usando el mismo argumento para calcular la probabilidad de que llueva mañana, hora por hora, en una tabla como esta:

Horas	Probabilidad de precipitación
00:00-01:00	10 %
01:00-02:00	10 %
02:00-03:00	10 %
03:00-04:00	10 %
04:00-05:00	10 %
05:00-06:00	10 %
06:00-07:00	10 %
07:00-08:00	10 %
08:00-09:00	10 %
09:00-10:00	10 %
10:00-11:00	10 %
11:00-12:00	10 %

Horas	Probabilidad de precipitación
12:00-13:00	10 %
13:00-14:00	10 %
14:00-15:00	10 %
15:00-16:00	10 %
16:00-17:00	10 %
17:00-18:00	10 %
18:00-19:00	10 %
19:00-20:00	10 %
20:00-21:00	10 %
21:00-22:00	10 %
22:00-23:00	10 %
23:00-00:00	10 %

Si usamos el argumento del amigo de Paulos, la probabilidad de que llueva mañana es del 240 %. Digo. Que no falte de *ná*. Pero no es de esto de lo que quería hablar, sino de la pregunta que muchas veces me hacen cuando cuento esta historia y ya nos hemos reído lo suficiente del argumento de sumar las probabilidades: ¿qué significa que la probabilidad de lluvia mañana sea de un 50 %? Hay quien hace el chiste, ya manido, de que la probabilidad siempre es de un 50 % porque solo hay dos posibilidades: o llueve o no llueve. Ya avisé que era un chiste manido. Seguimos.

Si la probabilidad de lluvia es del 50 %, ¿tengo que coger el paraguas? ¿No será que el meteorólogo no tiene ni idea y por eso pone un 50 %? ¿Cómo calculan lo del 50 %? Existen respuestas simples a estas preguntas y otras un poco más elaboradas (y otras mucho más elaboradas, pero estas últimas las vamos a dejar para especialistas).

Veamos las respuestas simples, aunque sinceramente espero que no nos quedemos en ellas porque son de poco interés: ¿Qué significa que la probabilidad de lluvia mañana sea de un 50 %? Significa que si consideramos varios días en los que anuncien tal probabilidad de lluvia, aproximadamente en la mitad de ellos va a llover. ¿Tengo que coger paraguas? Sí. Aunque tampoco pasa nada por mojarse un poco. ¿Será que el meteorólogo no tiene ni idea y por eso pone un 50 %? No lo creo, aunque siempre es posible.

¿Cómo calculan lo del 50 %? Para responder esta pregunta de una forma un poco más elaborada tenemos que entender un poco cómo se hace, *grosso modo*, la predicción meteorológica. Vamos a ello. En realidad se conocen perfectamente las ecuaciones matemáticas que rigen la meteorología: las ecuaciones de la dinámica de fluidos (que también gobiernan los flujos de aire alrededor de un Fórmula 1 o de las alas de los aviones) y de la termodinámica. Lo que ocurre es que dichas ecuaciones no se pueden resolver mediante alguna función determinada de la misma forma que, por ejemplo, no existe ninguna fórmula para resolver ecuaciones de grado 5 o superior. En estos casos, en los que no se pueden resolver las ecuaciones de forma exacta, se hacen simulaciones numéricas que den una aproximación de la solución exacta. Para la predicción meteorológica, lo que se hace es básicamente:

> Primero se divide la Tierra o una zona amplia de ella en celdas pequeñas.

> Segundo, se marcan las condiciones meteorológicas en un momento dado de cada una de esas celdas.

> Por último se aplican las ecuaciones para ver cómo van a evolucionar tales condiciones en función de los datos iniciales medidos en las celdas cercanas y usando las ecuaciones que hemos mencionado.

Y si lo tenemos tan claro, ¿por qué se falla en las predicciones meteorológicas?

Pues porque dichas ecuaciones, nada simples como hemos dicho, son muy sensibles a los datos iniciales que les introducimos. Esto es: una mínima variación en dichos datos puede llegar a dar predicciones totalmente opuestas para una zona dada. Es lo que se ha dado en llamar efecto mariposa: el aleteo de una mariposa en el Amazonas puede llegar a producir un tifón en el Pacífico. Eso y que los datos iniciales que se introducen para realizar los cálculos no pueden ser totalmente precisos, ya que los instrumentos de medición solo alcanzan cierto nivel de precisión, además de otros posibles errores.

Por lo tanto, para paliar esta incertidumbre, suelen ejecutarse las simulaciones numéricas muchas veces con pequeñas variaciones de los datos y, ahora sí, surgen los porcentajes que nos presentan en la tele: si se ejecuta una simulación con unos determinados datos iniciales cien veces y en cincuenta de dichas ejecuciones sale lluvia y en cincuenta no, nos anunciarán que la probabilidad de lluvia es de un 50 %. O sea, que no es tan simple como el chistecito de marras, sino que implica un enorme aparataje matemático para poder inferir algo del comportamiento caótico del clima.

Eso sí, unos juanetes bien pronunciados, además de castrar cruelmente tu pasión por los zapatos de tacón, también pueden ser unos pronosticadores fiables de lluvia. Me lo ha dicho una amiga.

¡ALERTA DE VIRUS! Por qué hay que vacunarse

Una paradoja matemática aplicable a nuestros amigos de Facebook sirve para explicar por qué es fundamental vacunarse contra las enfermedades.

Desgraciadamente para todos, especialmente para un niño de 6 años que murió en España de difteria, en junio de 2015 fue noticia una nueva moda de padres que se posicionan en contra de vacunar a sus hijos por algo que han visto en Facebook o en alguna revista en la peluquería. En el siglo XXI no debería ser necesario explicar por qué todos los niños deben ser vacunados. Pero visto lo visto en los medios, vamos a recordar algunas cosas sobre la importancia de la inmunidad de grupo (o inmunidad de rebaño, que es una expresión más bonita).

Para ello hablaremos de un fenómeno conocido como la paradoja de la amistad. Básicamente, esta paradoja asegura que, en general, tus amigos tienen más amigos en Facebook que tú. De ahí lo de paradoja, porque, intuitivamente, parece que no tiene por qué ser así.

En realidad, esta paradoja de la amistad afirma que si haces la media aritmética del número de amigos de tus amigos, esta media es más alta que el número de tus amigos. Vamos, que tus amigos, de media, tienen más amigos que tú. Y no es solo una percepción, es un teorema.

Vamos a ponernos serios para hablar de epidemias y de la necesidad ineludible de vacunar a todos los niños. A todos los que puedan ser vacunados, claro, ya que algunos, por problemas de salud, no se pueden vacunar. Lo mismo ocurre con muchos adultos, sobre todo con personas de edad avanzada.

Pensemos en la paradoja de la amistad aplicada al caso de una campaña de vacunación urgente ante un brote espontáneo de una nueva enfermedad. En este caso es prácticamente imposible, por falta de recursos económicos y humanos, vacunar a toda la población. Pero es necesario vacunar, extender la inmunidad, al mayor número de personas posible y lo antes posible.

En esta tarea nos puede ayudar nuestra paradoja. Se ha probado que una estrategia efectiva es escoger una cierta población inicial aleatoriamente, vacunarla y que sus miembros designen cada uno a unos cuantos amigos, de estos que tendrán más amigos de media que el que los señaló para la vacunación. Si vacunamos a estos amigos, que están en contacto con mucha otra gente, solo necesitamos vacunar a un 20-40 % de la población para evitar la difusión de la enfermedad.

Si no adoptamos esta estrategia basada en la paradoja de la amistad y seguimos un procedimiento meramente aleatorio, necesitaríamos vacunar a un 80-90 % para alcanzar la misma efectividad. Este método de propagación también se usa para vender seguros o fiambreras, pidiéndote el nombre de tus amigos a cambio de una ensaladera.

Esto cuando se trata de un brote de algún tipo de gripe. Ahora vamos a ver la influencia del efecto de la paradoja de la amistad en la vacunación contra las enfermedades que ya se conocen y están en el calendario oficial de vacunas, esas de las que algunos jóvenes de nuestro país no han oído casi hablar y algunos médicos jóvenes no han tenido que diagnosticar en su vida.

Si de pronto aparece un enfermo con difteria, como sucedió en 2015, en un primer paso, este enfermo contagiará a todos los que hayan estado en contacto físico con él, a sus amigos. Pero, ojo, estos amigos, de media, tendrán más amigos que el primer enfermo y también la contagiarán. Y así sucesivamente de forma exponencial. Eso ocurriría si la mayoría de la población no estuviese vacunada contra la difteria, pero, afortunadamente, lo estamos. ¿Todos? No, aún son susceptibles de ser infectados (aparte de los hijos de los antivacunas) bebés, niños y adultos que no se pueden vacunar por alguna razón médica, y también las personas más mayores.

¿Qué podemos hacer para proteger a estos últimos? Vacunarnos todos los que podamos, como debería ser obligatorio por ley. Con esto, las personas que no pueden ser vacunadas estarán en el centro de un «escudo» formado por sus amigos vacunados que impedirá que la enfermedad llegue a ellas.

En la siguiente figura tenemos un grafo muy simple representando una situación así. En rojo, el infectado, en azul los vacunados y en blanco el no vacunado y aún sano.

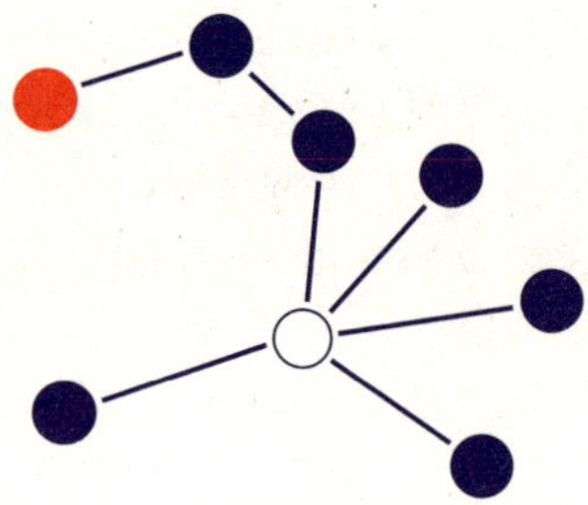

El problema grave aparece cuando un no vacunado de estos de la nueva moda antivacunas enferma y alguno de sus amiguitos no está vacunado porque, generalmente, este tipo de modas *cool* los papás suelen compartirlas en sus círculos, muchas veces, por ejemplo, en las reuniones de padres del colegio. O, mucho peor aún, cuando un bebé, niño o adulto de los que no pueden ser vacunados, tiene entre sus amistades a alguno de estos *modernos*.

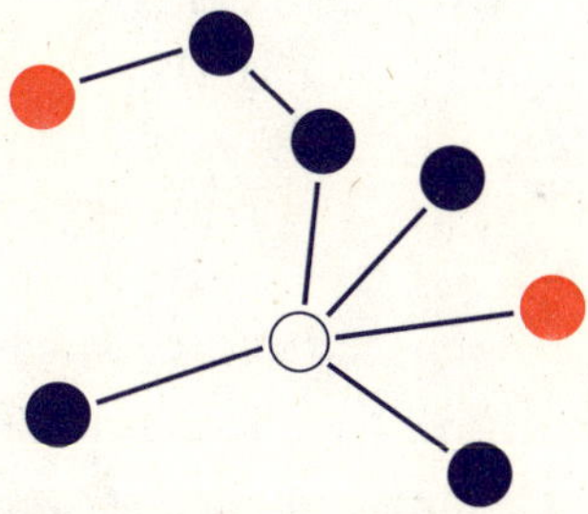

Esta es la parte negativa, muy negativa, de la paradoja de la amistad. Es cierto que es muy buena para conseguir la inmunidad de grupo de forma eficiente, pero también nos asegura que, de la misma forma, una enfermedad puede propagarse más rápido de lo que podemos imaginar. Y la única forma de evitar que esto ocurra es que todos los miembros de la comunidad que puedan, se vacunen.

Como dicen que una imagen vale más que mil palabras, les dejo la siguiente que encontré en Wikipedia. ¿Qué pasa si la mayoría de la población no está vacunada (en blanco)?

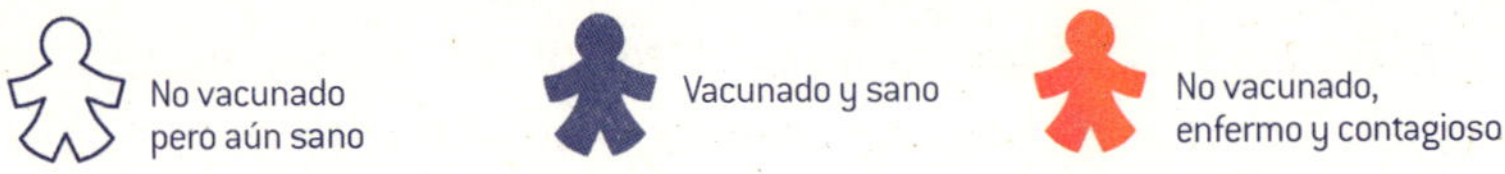

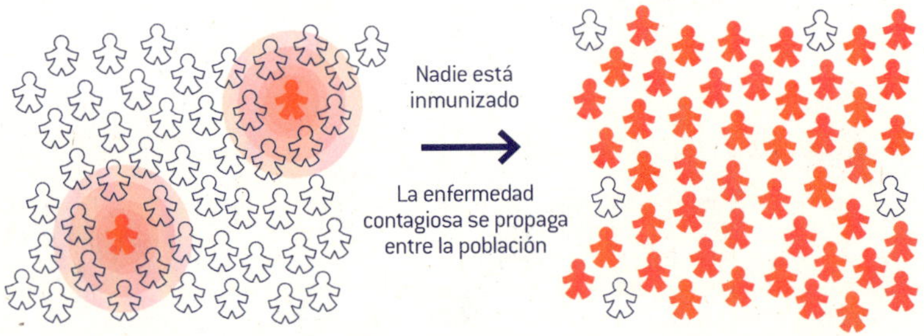

Efectivamente, la enfermedad se propaga hasta infectar a la mayor parte la población. ¿Y si vacunamos a algunos pero no a todos? A las personas que no pueden ser vacunadas añadimos los de la modita esta de marras.

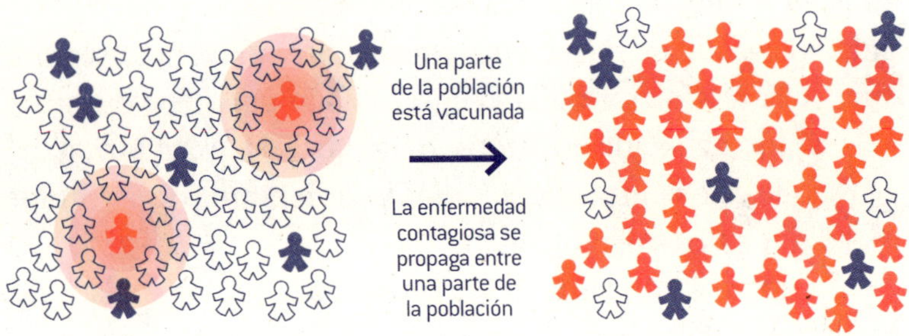

La enfermedad también puede llegar muy lejos, por aquello de la paradoja. La única opción para acabar con una enfermedad es vacunando a todos los que se pueden vacunar, como hicimos, por ejemplo, con la difteria... y hemos pasado 28 años sin volver a verla.

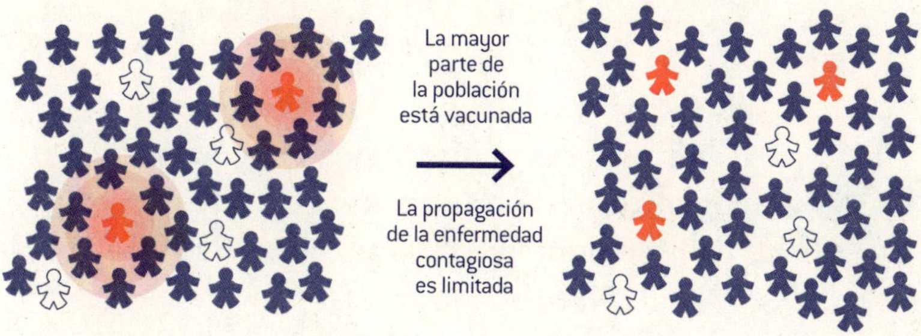

Y no hay más, no hay debate posible. Las vacunas han demostrado su eficiencia en la inmunización de la sociedad. Y punto.

¿ES POSIBLE OÍR LA FORMA DE UN TAMBOR?

Puede parecer una pregunta absurda, pero dentro encierra un enigma matemático sumamente interesante y que ha entretenido a parte de la comunidad durante cerca de 50 años. Nosotros somos así.

Antes de responder, vamos a tratar de entender el significado de la pregunta: ¿qué es eso de oír la forma de un tambor? El tambor suele estar compuesto de una caja de resonancia y de una membrana que al vibrar produce el sonido que es amplificado por esa caja. El objetivo de la pregunta es, en realidad, la membrana, que es la que produce el sonido.

En casi el 100 % de los tambores, la membrana es circular, cierto, pero a alguien se le podría ocurrir construir tambores con membranas triangulares o con aspectos aún más exóticos como un mapa de España, por ejemplo, o la cara de un ser querido. Pues bien, existen unas ecuaciones que nos dicen cómo serán las vibraciones de una membrana en función de su forma.

Eso es así porque el sonido que producen los tambores depende de ciertos números asociados a esas ecuaciones, números que se llaman *autovalores* y que juegan un papel fundamental en muchos problemas y aplicaciones de las matemáticas, como, por ejemplo, el método que utiliza Google para ordenar las páginas de internet cuando realizamos una búsqueda.

Así que, retomando la pregunta, ¿pueden dos membranas con formas distintas tener asociados los mismos autovalores (y, por tanto, producir el mismo sonido)? Esta pregunta fue formulada en 1966 por Mark Kac, aunque recogía cuestiones ya planteadas unos veinte años antes por Hermann Weyl.

Nada más conocerse el artículo de Kac, John Milnor, uno de los matemáticos más brillantes de la segunda mitad del siglo xx, dio una primera respuesta a esa pregunta (en realidad, él había encontrado su ejemplo dos años antes). Lo malo es que la respuesta de Milnor era la típica que alguien de la calle echaría en cara a un matemático para acusarlo de excesiva abstracción: Milnor dijo que existían tambores que suenan exactamente igual, producen el mismo sonido y cuyas membranas tienen forma totalmente distinta.

Muy bien, ¿no? Bueno, el único problema es que los tambores de Milnor solo se pueden construir en un mundo con 16 dimensiones (más bien las membranas, pues necesitaríamos una dimensión extra para construir el tambor). Así que permanecía abierta la cuestión de si ello era posible con membranas bidimensionales como las de todos los tambores.

Para encontrar una respuesta en dimensión dos (una constante de muchos problemas matemáticos, el ser más fáciles de demostrar en espacios con muchas dimensiones que en nuestro pobre universo euclídeo tridimensional) hubo que esperar 25 años más hasta que tres matemáticos —Carolyn Gordon, David Webb y Scott Wolpert— construyeron dominios bidimensionales que no son iguales pero que suenan exactamente

igual. Bien es verdad que la forma de los tambores también es un tanto «exótica», como puede verse en la imagen de la página anterior.

Si le exigiéramos al tambor no ser tan exótico eliminando entrantes y picos (técnicamente, que la región sea convexa y analítica), entonces sí que se puede probar, tal y como hizo el matemático Steve Zelditch, que sí distinguiríamos la forma de la membrana por el sonido que produce. Esto es: dos membranas distintas siempre producen sonidos distintos.

Ya ven lo que da de sí un tambor en manos de matemáticos... Aunque, posiblemente, el científico más famoso que asociamos con tambores sea Richard Feynman, premio Nobel de Física en 1965.

PARA EVITAR ALGUNOS PROBLEMAS DE PAREJA

Una de las sorpresas que nos depara la vida a las mujeres cuando compartimos casa con un hombre es la de hundirte a medianoche al sentarte para hacer pis. Las primeras veces puede que esboces una sonrisa de ternura y complicidad, pero con el tiempo puede llegar incluso a molestar. ¿Podemos diseñar una estrategia óptima de convivencia en este sentido?

En uno de estos «maravillosos» catálogos norteamericanos que dejan en los aviones descubrí, entre otras muchas tonterías, una tapa de inodoro que se iluminaba según la posición (verde si el asiento estaba abajo, roja si estaba arriba, creo recordar) con el objeto de evitar esos sobresaltos femeninos en medio de la noche, ¡y sin necesidad de encender la luz del cuarto de baño! De Nobel, vamos.

Como no todo el mundo dispone de estas tapaderas del retrete *smart*, y para todos aquellos que convivan con alguien de distinto sexo, vamos a analizar este problema, el problema del asiento del váter, desde un punto de vista riguroso y matemático, como deben ser analizados todos los grandes pro-

blemas de la humanidad. Evidentemente, somos las mujeres las primeras perjudicadas en este aspecto de la convivencia, puesto que cuando vivimos solas, el asiento del baño siempre está donde tiene que estar: abajo. Por lo tanto, al convivir con un hombre, la probabilidad de que tengamos que bajarlo alguna vez no es 0 casi seguro, y habrá incrementado, aunque sea muy poco, nuestro esfuerzo al ir al aseo.

¿Qué pasa con el hombre? ¿Cómo cambia su vida al compartir el baño con una mujer? Bueno, en el caso del hombre, aún viviendo solo, siempre existe un gasto energético en esta tarea cotidiana, puesto que las dos operaciones que realiza en tal accesorio sanitario las hace una con el asiento arriba y otra con el asiento abajo. Sí, esta es la forma razonable de actuar en el caso masculino. Por lo tanto, habrá veces en que tendrá que bajar la tapa y otras en que tendrá que subirla.

Si llamamos p a la probabilidad de que el hombre cuando entre en el baño vaya a orinar (en ese caso, la probabilidad de que vaya a realizar la otra operación es $1 - p$), y C al coste energético que supone cambiar la tapa de posición, el gasto energético medio esperado para un hombre que viva solo es el coste C por la probabilidad de que entre a hacer pis después de haber entrado a evacuar, más el coste C por la probabilidad de que entre a defecar después de haber orinado (solo hay que contabilizar las veces que entra en el baño para hacer algo diferente de lo que hizo la vez anterior):

$$H_{solo} = p \cdot (1 - p) \cdot C + (1 - p) \cdot p \cdot C = 2 \cdot p \cdot (1 - p) \cdot C$$

Mientras que, como hemos dicho antes, el coste energético de una mujer que vive sola es 0:

$$M_{sola} = 0$$

Veamos cómo cambia el gasto energético de hombre y mujer en esta tarea cuando empiezan a convivir juntos. Evidentemente, este gasto dependerá de las normas de convivencia que haya establecido la pareja después del primer hundimiento nocturno.

Supongamos que la pareja no toma ninguna decisión al respecto, es decir, que no se preocupan de cómo dejan la tapa después de ir al baño. Vamos a suponer que ambos usan el aseo con la misma frecuencia. Con esa norma de conducta, es decir, con la ausencia de reglas sobre la tapa del váter, la probabilidad de encontrarla arriba es $p/2$ (donde p es la probabilidad de que el chico haya ido a orinar, como señalamos antes, por ½ que es la probabilidad de que vaya él); por lo tanto, la probabilidad de que esté abajo será $(1 - p/2)$.

En este escenario, la chica tendrá que bajarla cada vez que se la encuentre arriba, con lo cual, el coste energético medio esperado será:

$$M_{\text{en pareja}} = C \cdot p/2$$

El coste energético para el varón en este caso habría que calcularlo en función de si él va a orinar y ella fue antes que él $(p \cdot ½)$, o fue él mismo, pero para algo diferente $[p \cdot (1 - p) \cdot ½ \cdot C + (1 - p) \cdot p \cdot ½ \cdot C]$. Si hacen las cuentas, nos queda:

$$H_{\text{en pareja}} = p \cdot 1/2 \cdot C + p(1 - p) \cdot 1/2 \cdot C + (1 - p) \cdot p \cdot 1/2 \cdot C = \\ = C \cdot p \cdot (3/2 - p)$$

Con estas reglas de conducta, el beneficiado, si lo hay, es el chico. El coste energético de la mujer ha pasado de 0 a $C \cdot p/2$, mientras que el de él se ha incrementado en $C \cdot p \cdot (p - ½)$, que podría ser negativo si p es menor que ½, cosa que no es esperable en condiciones gastrointestinales normales. Les recuerdo que p es la probabilidad de que cuando el chico vaya al baño haga pis en lugar de la otra operación. Normalmente, como digo, es más alta de ½. Total, que de vivir solos a vivir en pareja sin normas sobre la tapa de marras, el coste energético conjunto de la pareja se incrementaría en $C \cdot p^2$.

Pero ¿y si regulamos esto de la tapa como hay que regularlo? En mi opinión, claro. ¿Y si se impone que ambos dejan el asiento abajo después de utilizarlo? En este caso, haciendo las cuentas, nos queda que la chica no tiene que bajarlo nunca, con lo cual:

$$M_{\text{en pareja}} = 0$$

Y para el chico, que tendrá que subirlo cada vez que vaya a orinar y volverlo a bajar después, tendremos:

$$H_{\text{en pareja}} = 2 \cdot p \cdot C$$

Sí, lo sé, aquí solo se ve perjudicado energéticamente el hombre, pero ¿cómo ha incrementado el coste energético medio total de la pareja? Pues la chica se queda como estaba cuando vivía sola y el incremento del chico en este supuesto es de $2 \cdot C \cdot p^2$. Pues, vaya, parece que el incremento energético de la pareja se ha doblado... Va a ser que yo no tenía razón y que era mejor como proponíamos antes.

En cualquier caso, existe otra posible estrategia para que el incremento energético de cada uno sea más equitativo sin aumentar tanto el incremento total de la pareja. Por ejemplo, si el chico deja la tapa arriba después de orinar con una frecuencia $(2p - 1)/p$. Podemos suponer, por ejemplo, que p (la probabilidad de que el hombre orine en lugar de...) es igual a 2/3 y por lo tanto, esta frecuencia $(2p - 1)/p$ sería de ½. Dicho de otro modo, que para la mejor convivencia de esta pareja, en este aspecto tan mundano pero ineludible, bastaría con que ellos bajaran la tapa después de orinar por la noche.

Ya saben, caballeros, si conviven con una mujer, con muy poco coste energético por su parte pueden mejorar la convivencia. Este tipo de estudios no nos sacarán de la crisis, pero nos sirven para olvidarnos durante un rato de cómo está la cosa. Al menos, yo me lo pasé muy bien cuando lo leí en esta nota de Richard Harter: <http://www.scq.ubc.ca/a-game-theoretic-approach-to-the-toilet-seat-problem/>.[1]

---

1 - Richard Harter, «A game theoretic approach to the toilet seat problem», en <http://www.scq.ubc.ca/a-game-theoretic-approach-to-the-toilet-seat-problem/>.

HACER MATEMÁTICAS CON EL POKÉMON GO

A menos que estuvieras encerrado en un convento benedictino, es seguro que has oído hablar de Pokémon Go. Es más, seguro que has oído discusiones acaloradas a favor y en contra de tal fenómeno. Pero ¿qué tal si usamos el dichoso jueguecito para aprender algo de matemáticas?

Es evidente que uno de los fenómenos más llamativos en los últimos tiempos fue (y vuelve a ser) Pokémon Go. Esta aplicación batió todos los records de descargas, se organizaban quedadas alrededor de ella y cuando solo estaba disponible en media docena de países, ya generaba más tráfico que todo Twitter.

Siempre que ocurre algún fenómeno así saltan muchas voces criticándolo. A mí, sinceramente, no me parece que distraerse haga daño a nadie, y menos si es caminando largas distancias. Puede que no sea la mejor ocupación, pero no todo va a ser intelecto, y ser feliz haciendo algo que no daña a nadie me parece loable. Además, aprovechando el tirón, quiero proponer precisamente algunas ideas para introducir

matemáticas, tanto en el diseño de la aplicación como para aprovechar el juego.

Si han jugado ya saben que lo primero que tiene que hacer nuestro móvil es localizarnos, utilizando el GPS del que dispone. Para ello, el GPS calcula la intersección de 4 o más esferas (mucho más grandes que las *pokéballs* del juego).

La idea es que la señal emitida por los satélites permite calcular la diferencia en tiempo que tardamos en captar las señales emitidas por ellos. Pero conocida la velocidad de transmisión (que es la velocidad de la luz), podemos calcular la distancia a cada uno de los satélites, de los cuales conocemos sus posiciones. Eso nos coloca sobre una esfera centrada en cada uno de los satélites, y calculando la intersección de 4 de estas, podemos conocer con total exactitud nuestra localización.

Hablando también de posiciones y distancias, a la hora de escribir este artículo no está claro que funcione ninguno de los trucos que nos dicen en qué dirección está un Pokémon que hemos detectado; solo sabemos a qué distancia de nosotros está y eso lo ubica sobre cualquier punto de una circunferencia centrada en nosotros y cuyo radio es la distancia al bichito.

Pero, como supongo que sospechan, usando matemáticas sí que podemos saber exactamente en qué dirección está la preciada presa. La idea es la siguiente: cuando el radar de nuestro móvil detecta un Pokémon, nos indica mediante huellas la distancia del bicho. Supongamos que tres huellas signifiquen 300 metros o más, dos huellas más de 200 metros y una huella 100 metros. La situación entonces es la siguiente:

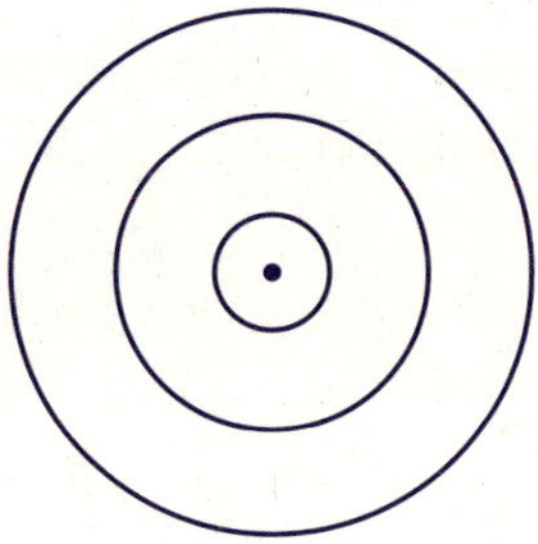

Supongamos que estamos en un punto en el que nos marcan tres huellas y nos ponemos a caminar. Si dejamos de ver las tres huellas, evidentemente, nos damos la vuelta.

Si en la dirección contraria tampoco entramos en la zona de dos huellas, entonces podemos aplicar lo que vamos a contar a continuación para dos huellas. Por lo tanto, podemos suponer que si nos ponemos a andar, entramos en la zona de dos huellas:

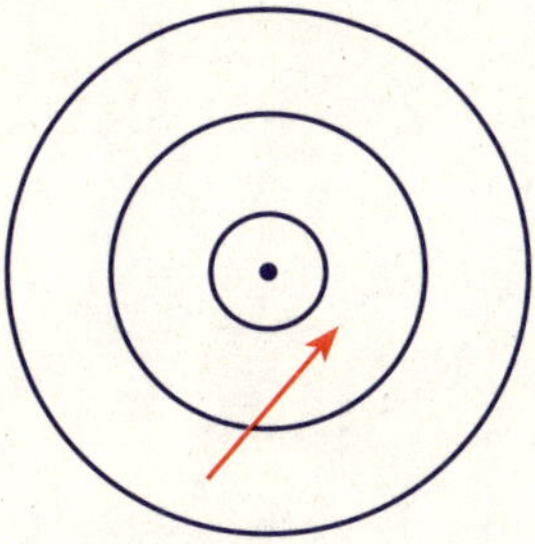

Si alcanzamos la zona de una huella, ya casi lo tenemos, vamos a suponer que nunca alcanzamos la zona de una huella. Lo que sí debemos hacer es memorizar en qué punto hemos pasado de tres huellas a dos huellas. Digamos que marcamos ese punto con una estrella:

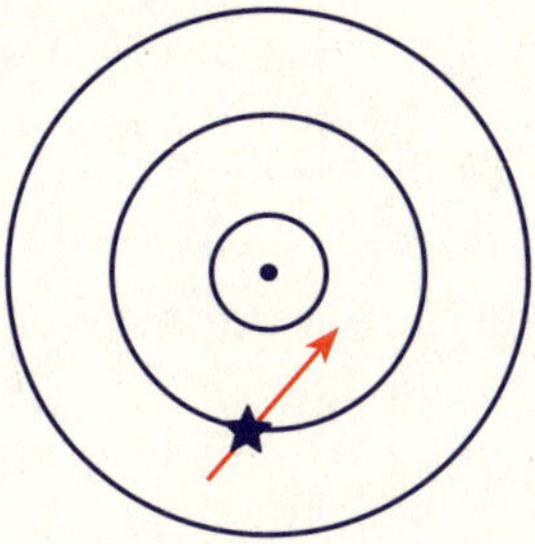

Seguimos andando y, como hemos dicho, suponemos que no entramos en la zona de una huella. En ese caso, saldremos de la zona de dos huellas para volver a la de tres. Marcamos el punto en el que eso ocurre:

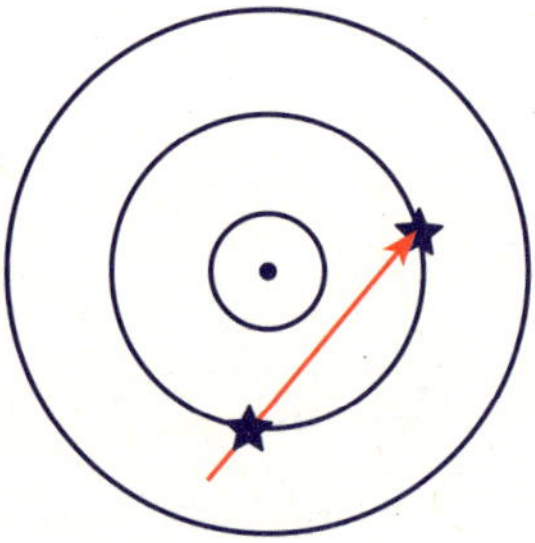

Y calculamos, aproximadamente, el punto medio entre las dos estrellas:

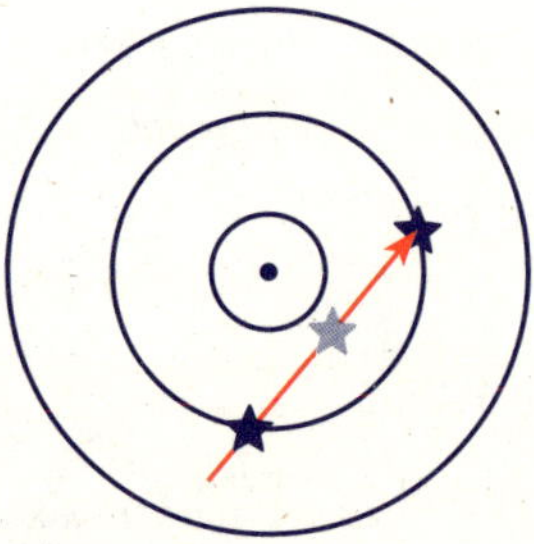

En dicho punto medio, giramos noventa grados y el Pokémon está seguro en esa línea:

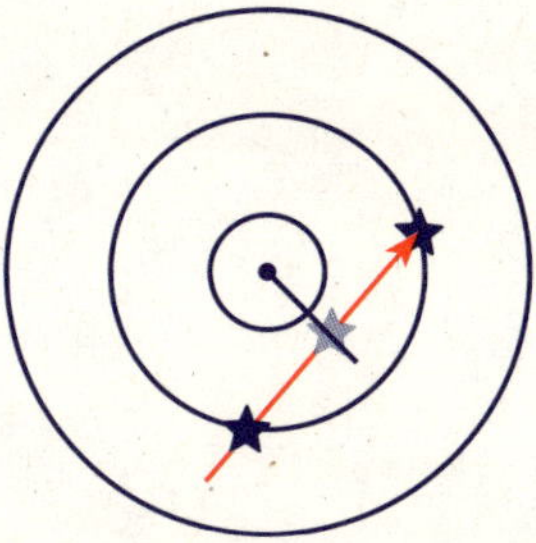

Naturalmente, podría ocurrir que fuéramos en el sentido inverso, pero en ese caso volveríamos a entrar en la zona de tres huellas y bastaría con dar la vuelta en sentido contrario.

Claro, necesitamos hacer esto si no disponemos de un mapa con la localización de los Pokémons. Pero muchos de esos mapas están disponibles.

En ese caso, podríamos preguntarnos cómo hacer un recorrido óptimo que pase por todos los puntos de interés andando lo menos posible. Por desgracia, ese es un problema tremendamente complicado conocido como el problema del viajante, del cual ya hemos hablado. Sin embargo, sí que existen algoritmos que dan una solución aproximada del problema, e incluso otros que dan una exacta pero con mucho mayor tiempo de computación. Por ejemplo, han calculado los recorridos óptimos para unas cuantas ciudades de Norteamérica (aunque para la mayoría de ellas no se han añadido todos los sitios de interés porque la computación hubiera sido muy laboriosa).

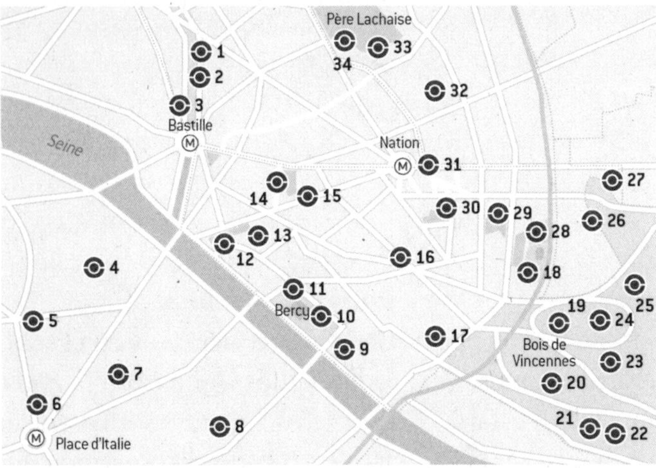

Hasta ahora hemos visto cómo usar Pokémon Go para ver algo de geometría (y la combinatoria y la computación en el problema del viajante). Pero también probabilidad y fracciones aparecen en el juego. Efectivamente, las batallas en los gimnasios están determinadas parcialmente por el poder de combate (PC) de cada Pokémon, así que podemos calcular la probabilidad de vencer (en parte, hay otros factores) de un determinado Pokémon (V_1) sobre otro como una fracción:

$$V_1 = \frac{PC_1}{PC_1 + PC_2}$$

donde PC_1 y PC_2 son los poderes de los dos Pokémons que se enfrentan. Esto lo podemos usar en clase, si quieren, para repasar fracciones y compararlas entre ellas, para tratar de diseñar una estrategia óptima de combate.

Por último, sí me gustaría señalar que en todas las versiones del juego, las distancias aparecen en el sistema métrico decimal, por lo que en ciertos sectores de Estados Unidos se está utilizando para que los niños se familiaricen con este sistema, y no el imperial que aún es el que se usa por aquellas tierras.

Sería gracioso, no me lo negarán, que los americanos se pasasen al sistema métrico gracias a Pokémon. Ya lo ven, Pokémon Go nos trae geometría, combinatoria, computación, cálculo de probabilidades...

Están ahí fuera, *gotta catch'em all!*

REAL MADRID VS. ATLÉTICO: ¿quién ganará?

En 2014 la Champions vivió un hecho histórico: por primera vez se enfrentaban en la final dos equipos de la misma ciudad, el Atlético y el Real Madrid. Un partido de alta tensión donde buena parte de la población, incluso los que no siguen el fútbol, trataban de predecir cuál sería el resultado, y también las matemáticas podían opinar al respecto.

Superadas la resaca sevillana de la Europa League y las celebraciones colchoneras tras su victoria liguera, las conversaciones futboleras en aquel final de la primavera de 2014 se centraban en el partido que se iba a disputar el sábado 24 de mayo en el Estadio Da Luz de Lisboa, tratando de predecir, casi nunca de forma objetiva, el resultado de este encuentro. Puesto que el pulpo *Paul* había pasado a mejor vida, había que recurrir a razonamientos de otro tipo. Aunque ya se sabe el resultado (Sergio Ramos consiguió empatar en el último minuto de descuento para forzar una prórroga que su equipo, el Real Madrid, ganó con relativa facilidad), vamos a tratar de dar algunos argumentos que podrían favorecer la victoria de unos u otros y, a ser posible, objetivos y sin tendencias blancas ni colchoneras.

En otro capítulo de este libro presentamos el trabajo que, alrededor de la Copa del Mundo de 2010, habían publicado Javier López Peña y Hugo Touchette. En él usaban la teoría de grafos y, a partir de unas funciones que medían la cercanía, la intermediación y la popularidad de cada jugador, representaban el juego del equipo con un grafo y analizaban las posibilidades de un equipo frente a su rival. De esta manera ellos predijeron el triunfo de España sobre Holanda en la final, pero no deja de ser demasiado elaborado para una charla entre amigos (o archienemigos) en un café.

Normalmente, los análisis previos a un encuentro son menos elaborados y se basan en criterios más fáciles de medir. Pero ¿qué criterio tenemos que usar para medir las fuerzas en aquellos momentos de los blancos y los colchoneros? Francamente, no está claro, y si preguntabas a un aficionado de cualquiera de los dos equipos, elegía el que más le convenía para vaticinar la victoria de los suyos. Es aquello tan cañí (y un poco vulgar) de «tú la tienes más larga pero yo la tengo más gorda» que los matemáticos, que somos más paraditos, conocemos como óptimos de Pareto.

¿Qué es un óptimo de Pareto? En pocas palabras se puede resumir como que hay distintos valores óptimos (en el caso que nos ocupa, distintos favoritos para ganar la Champions) que no son comparables entre ellos, porque ninguno de ellos es mejor que los otros. Con más palabras, en economía, ingeniería o ciencias sociales, se llama mejora de Pareto a una mejora que podemos hacer en un determinado aspecto sin que los demás se vean perjudicados; en el punto en que no se puede mejorar ningún aspecto sin perjudicar otro (no hay mejora de Pareto posible) estamos en un óptimo de Pareto.

Vamos a tratar de explicarlo con la final de la Champions. Imaginemos que le preguntábamos a un seguidor del Atlético (antes del partido) qué equipo tenía más posibilidades y que este nos iba a contestar que los suyos, puesto que Courtois, según algunos, era el mejor portero del mundo. Imaginemos, además, que en la misma conversación, un madridista afirmaba que su equipo tiene a Ronaldo y que este es mejor delantero que Costa porque, entre otras cosas, tiene (tenía) dos balones de oro en su poder. Ya la hemos liado, ¿ven? Ya estamos con lo de comparar la larga con la gorda.

¿Y si combinamos los dos criterios? Si tratamos de usar esas dos medidas para hacer de forma más rigurosa un pronóstico sobre la final del sábado que se avecinaba, podemos intentar representar estos dos criterios citados, el portero y el delantero estrella, en una gráfica y evaluar qué equipo tenía más posibilidades. Vamos a ello.

Representaremos en el eje horizontal una medida de calidad del cancerbero, por ejemplo, el resultado de dividir los partidos jugados en la Champions de ese año por los goles encajados (lo hacemos así para asignarle un valor mayor en la gráfica al que encajó menos goles, porque la bondad de un portero es inversamente proporcional al número de goles encajados). En el caso del belga, Courtois, encajó 6 goles en 11 partidos (le asignamos al Atlético el valor 1,83333 de portero) mientras que a Casillas se le coló la pelota 9 veces en los 12 partidos que jugó (tenemos 1,33333 para el Real). Vamos a ir poniendo estos datos en nuestra gráfica.

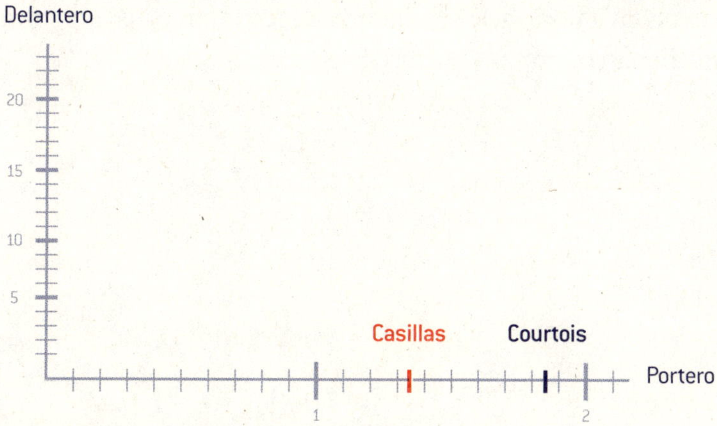

Ahora medimos la calidad de los delanteros estrellas usando el número de goles marcados en esa temporada en la Champions, y lo señalamos en el eje vertical (directamente, porque la bondad del delantero la suponemos directamente proporcional al número de goles marcados).

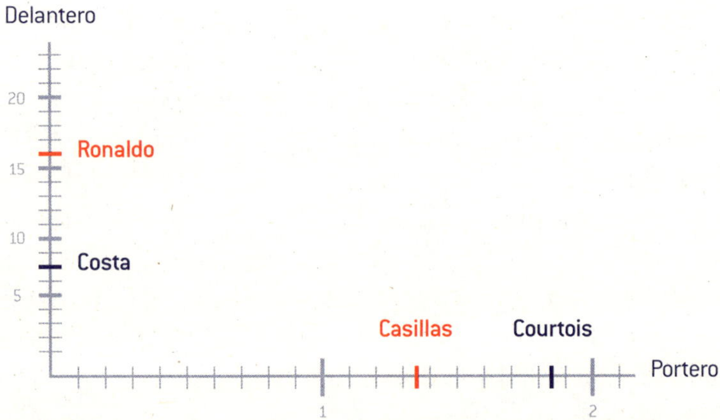

A continuación, le asignamos a cada equipo, usando estas coordenadas, un punto sobre la gráfica.

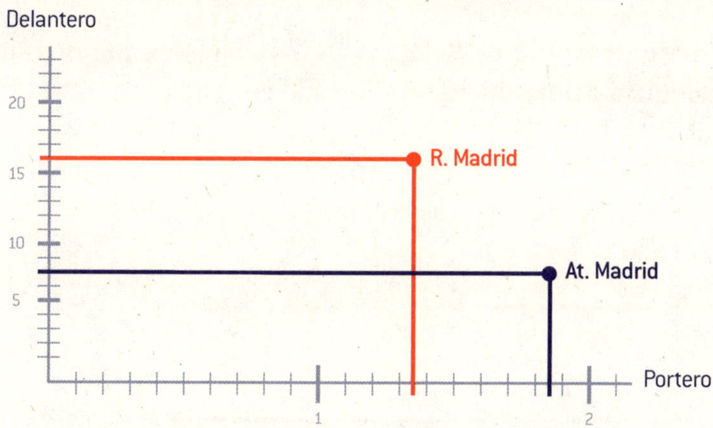

¿Cuál de los dos es mejor? Pues ninguno. Si uno la tiene más larga, tiene mejor delantero, el otro la tiene más gorda, tiene mejor guardameta. Estos son los óptimos de Pareto a los que me refería. El Real Madrid, con estos criterios, era el mejor equipo solo si se compara con equipos cuyas coordenadas queden en el rectángulo sombreado en rojo:

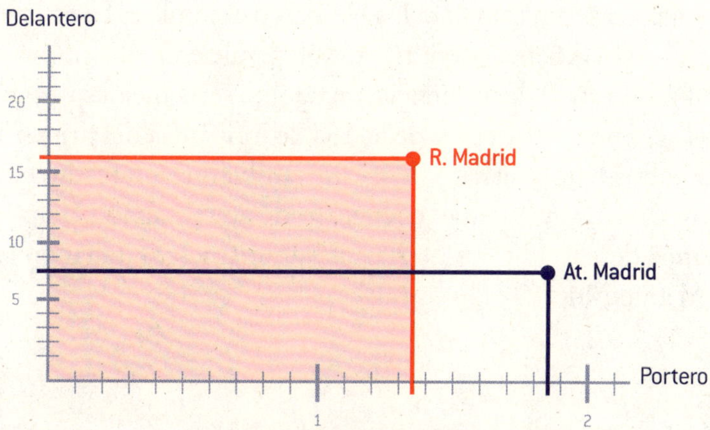

Mientras que el Atlético de Madrid era mejor que cualquiera del rectángulo sombreado en azul:

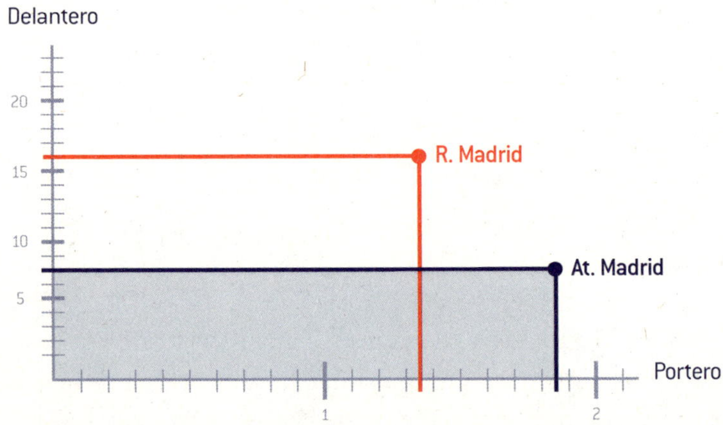

Pero entre ellos no hay favorito, los dos son óptimos de Pareto. Si queremos añadir otro criterio más para comparar los dos equipos, tendríamos que representarlo en tres dimensiones, y en lugar de tener un rectángulo de influencia (como el sombreado en rojo para los blancos o el sombreado en azul para los del Atlético), tendríamos un paralelepípedo (una caja tridimensional) de influencia: un equipo sería mejor que otro si el segundo está dentro de la caja de influencia del primero. Tentados hemos estado de medir también la autoestima de los entrenadores para el encuentro de aquel sábado, pero lo hemos descartado por no ser relevante: uno era italiano y el otro argentino.

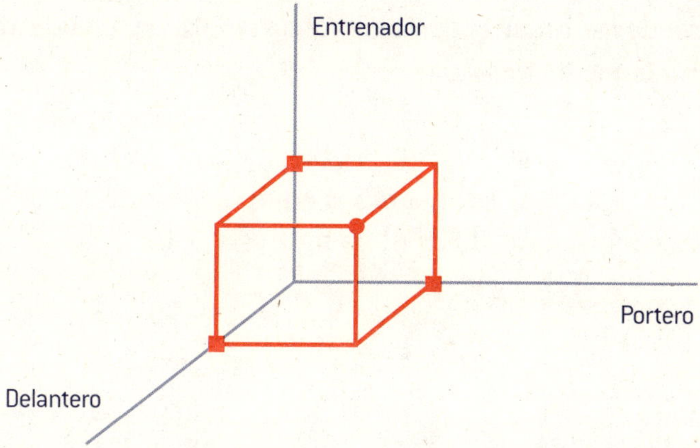

Pero volviendo a los óptimos de Pareto, esta situación —la de no poder comparar efectivamente— se produce cuando se usa más de un dato numérico para la comparación con otros o con nosotros mismos en otra época. Es lo que pasa, por ejemplo, con las cifras del paro en nuestro país: cada uno presenta el dato que más le conviene para demostrar su teoría, unos el número de afiliados al INEM y otros las altas en la Seguridad Social (que para mi gusto es la que importa). Pero, en mi opinión, el ejemplo más claro del uso de este tipo de estrategias, la de medir con el dato que más nos favorece, lo vamos a ver no el sábado sino el domingo por la noche, cuando los partidos políticos analicen los resultados en las urnas: ninguno pierde. Qué arte, ¿no?

Volviendo a nuestra visita al estadio, tuvimos que esperar algunos días para saber si serían los leones de la fuente de la Cibeles —en el caso de que ganase el Real Madrid— o los caballos de Neptuno —en el supuesto de que ganase el Atlético— los que ocuparían las primeras localidades para ver la alegría de los hinchas que celebraban la llegada a Madrid de aquella copa tan deseada.

P.S.: Agradezco a mis hijos, Salvador y Ventura, que me chivasen los datos sobre ambos equipos porque tengo que reconocer que a mí el fútbol no me gusta –40.

¿CUÁNTOS SATÉLITES HACEN FALTA PARA QUE EL GPS ENCUENTRE TU POSICIÓN?

Tan acostumbrados estamos ya a usar nuestro *smartphone* para buscar una dirección y, sobre todo, para que nos marque el mejor camino para llegar a cualquier sitio, que nos parece algo natural. Y no, no lo es. Lo natural era ir preguntando a los lugareños, cosa que tenía su encanto. Pero ¿saben cómo funciona el GPS? ¿Cómo logra ubicarnos? No, nada que ver que con un señor que lo ve todo en todo momento: es geometría, mucha geometría, y mucha ingeniería.

Estoy casi segura de que la mayoría de los usuarios de GPS, que somos casi todos, sospechan que el sistema que permite que este cacharrito nos ubique casi con total precisión en nuestro planeta tiene que ver con satélites artificiales. Y, efectivamente, así es.

El sistema GPS es un sistema que, originalmente, estaba compuesto por 24 satélites (aunque se han lanzado más de 60 dentro del sistema y en junio de 2014 había 31 satélites operativos), y es propiedad del gobierno de Estados Unidos. No sé si saben que, a lo mejor, su teléfono no solo tiene capacidad para detectar los satélites de ese sistema, sino también los de GLONASS, que es un sistema equivalente pero ruso. Cuestión de gustos.

La pregunta es: ¿cómo saben los satélites dónde estamos en cada momento? La idea es relativamente simple. La posición de cada uno de los satélites es conocida. Así, cuando detectamos un satélite con nuestro teléfono, se sincronizan los relojes de nuestro aparato y del satélite, y podemos medir el tiempo que tarda en llegarnos la señal de este y por tanto, sabiendo que la señal viaja a la velocidad de la luz, podemos determinar a qué distancia está cada satélite del cual recibimos señal válida. ¿Sí?

Es decir, que al detectar un satélite le indicamos a qué distancia estamos de él. Pero con eso no tiene suficiente el satélite para saber dónde estamos. Porque si alguien nos dice que está a, no sé, 100 metros de nosotros, lo que sabemos es que está, como se suele decir, a 100 metros a la redonda. Dicho de otra forma, que nosotros somos el centro de un círculo de radio 100 metros y que quien sea está sobre la circunferencia.

Técnicamente, lo que sabemos en realidad es que esa persona está en la esfera (tridimensional) con centro en nosotros mismos y un radio de 100 metros. Lo que ocurre es que como supones que la otra persona está en la Tierra —salvo que seas fan de Iker Jiménez—, te quedas con la intersección de esas dos esferas, la Tierra (aunque no es exactamente una esfera) y la de radio 100. Por eso lo del círculo.

Es decir, con un solo satélite no nos pueden localizar. Necesitamos más satélites. ¿Cuántos? Olvidémonos por un rato de que estamos en la Tierra. Si nos sincronizamos con un satélite, este nos ubicará sobre una esfera centrada en dicho satélite y cuyo radio es nuestra distancia hasta él. Si nos sincronizamos con dos, como cada uno de ellos nos ubicará en una esfera (cada una centrada en el satélite correspondiente), ya pueden deducir que nos encontramos en la zona común de las dos esferas. La intersección de dos esferas, en estas condiciones, es una circunferencia.

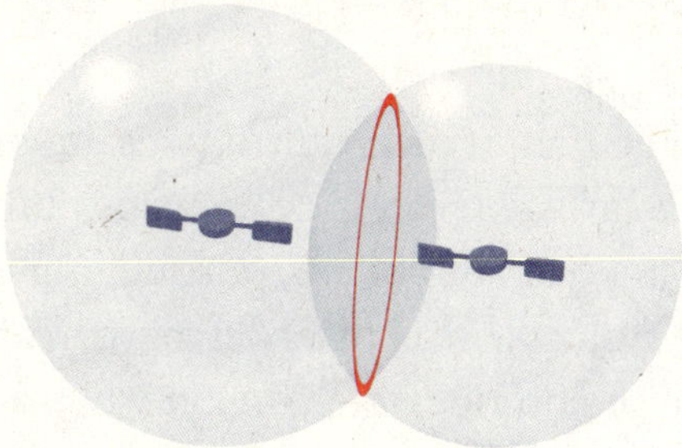

Por lo tanto, necesitamos más pistas, porque la circunferencia en cuestión puede ser una *jartá* de grande. Si nos sincronizamos con otro satélite, este nos ubicará en una tercera esfera (centrada en él y de radio la distancia al mismo). Pues bien, ya saben los satélites que estamos en la intersección de las tres esferas, y la intersección de tres esferas en estas condiciones son dos puntos. Solo dos, ya estamos cerca.

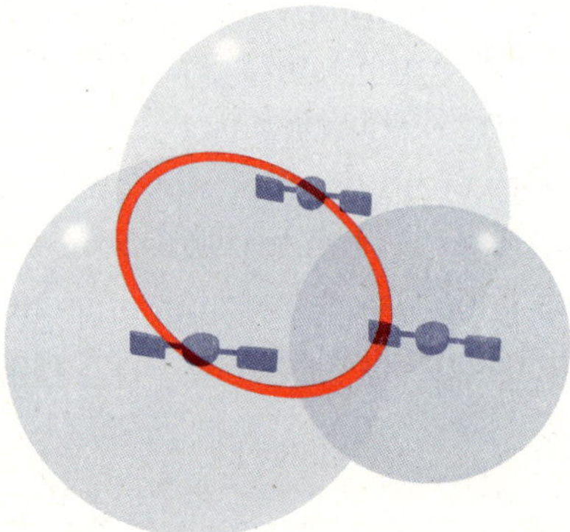

Si ahora, como hemos dicho antes, pensamos que estamos en la Tierra, bastaría con elegir de esos dos puntos cuál está sobre la Tierra y basta. Pero no, porque, por ejemplo, no sabemos a qué altura sobre el nivel del mar nos encontramos. Para afinar mejor con nuestra posición y eliminar fallos en la sincronización entre los relojes del GPS y los satélites, se usan al menos cuatro satélites (el cuarto nos serviría para descartar, de los dos puntos comunes en la intersección de las tres esferas, el que no es nuestra posición). Y con esto, ya tienen nuestras tres coordenadas casi con exactitud: latitud, longitud y altitud.

Lo dejamos por aquí. Usen su GPS o pregunten a los lugareños, pero no se pierdan. Les espero aquí el próximo lunes.

¿POR QUÉ LOS TSUNAMIS IMPACTAN CON MÁS FUERZA EN LAS PLAYAS?

Las matemáticas sirven para explicar por qué un tsunami es mucho más letal en la orilla, a pesar de que en alta mar se mueve muchísimo más rápido.

Todos hemos visto las aterradoras imágenes de los tsunamis en el océano Índico en la Navidad de 2004, recogidas en la película *Lo imposible*, o el más reciente de Japón en 2011. Todos tenemos claro que un tsunami de tales magnitudes se origina en un terremoto producido en el mar, pero surgen numerosas preguntas: ¿Todos los terremotos cuyo epicentro se localiza en el mar producen un tsunami? ¿A qué velocidad se desplaza? ¿Qué altura puede alcanzar?

La respuesta a la primera pregunta es «no» y las otras dos «depende». Vamos a verlo. En primer lugar, para que se produzca un tsunami, es necesario que las aguas se desplacen. Eso sucede cuando un terremoto provoca un corrimiento vertical de tierras en el fondo marino, lo que obliga al despla-

zamiento de agua para acomodarse a la nueva orografía del fondo. Dicho de otra forma: si no se produce ese corrimiento vertical, por ejemplo si dos placas se desplazan una horizontalmente sobre la otra, no se genera un tsunami. Bueno, también puede ocurrir por el impacto de un meteorito (el que causó la extinción de los dinosaurios tras caer cerca de la península del Yucatán, que se supone que generó olas de cerca de 100 metros de altura, y no ha sido el mayor en este sentido).

Una vez producido el maremoto, la onda se desplaza a una velocidad que se sabe calcular (es la raíz cuadrada del producto de la profundidad del fondo con respecto a la superficie del mar en ese punto por la fuerza de la gravedad terrestre).

Esto quiere decir que en alta mar, un tsunami se desplaza a velocidades increíbles que pueden ser de más de 600 km/h. Si estás en alta mar y un tsunami va hacia ti, no te escapas ni con alas.

Entonces, ¿qué puedes hacer para intentar salvarte? Curiosamente, nada, ni falta que hace: es en estas circunstancias cuando menos dañino resulta un tsunami porque, aunque se desplaza a tal velocidad, la distancia entre cresta y cresta también es enorme, hasta de cientos de kilómetros, y la altura de la cresta puede ser de solo un metro, así que no es tan grave.

Pero cuando nos acercamos a la costa, las cosas comienzan a cambiar. En primer lugar, la velocidad baja mucho según la fórmula que hemos mencionado antes, y suele ser de menos de 100 km/h. Por otra parte se produce un importante fenómeno de disipación de la energía del tsunami. Efectivamente, aunque la altura de la cresta en alta mar es muy pequeña, al existir tanta distancia entre cresta y cresta y moverse a tan gran velocidad, la energía de un tsunami es tremenda. Al acercarse a la costa y romper la ola, gran parte de esa energía se disipa. Estas son las buenas noticias, todas las demás son malas.

Aunque la velocidad decrece mucho al acercarnos a la costa, la distancia entre las crestas también se acorta enormemente y esto quiere decir que todo el agua que estaba entre dos crestas (que podían estar a centenares de kilómetros) se comprime a decenas de kilómetros, con lo cual la altura de la cresta se multiplica por 10 y a veces mucho más. Así que nos encontramos una ingente masa de agua con una pared de entre 10 y 20 metros acercándose a la costa a cerca de 100 km/h.

Afortunadamente, un tsunami no suele romper cuando se acerca a la costa (salvo si es muy grande), lo cual hace que inunde la tierra la mayoría de las veces como una corriente creciente de agua, una especie de marea, lo cual permite algún tipo de movimiento evasivo.

Así que ya saben, si sospechan que se acerca un tsunami, si observan, por ejemplo, que el mar se aleja de la costa o que baja su nivel, huyan tierra adentro o salgan a navegar a alta mar, pero nunca, nunca, se acerquen a la playa, ni con sombrero ni con bikini de rayas.

CÓMO FABRICAR PERRITOS CON GLOBOS

No sé si, como a mí, te fascina ver a alguien haciendo globoflexia. Sí, animalitos hechos con unos globos muy largos retorcidos sin que exploten. Hoy nos preguntamos si se puede conseguir cualquier objeto retorciendo globos, y la respuesta, cómo no, la encontramos en las matemáticas.

No hace falta ser un niño para que nos fascine ver cómo algunas personas son capaces de hacer perros, barcos y todo tipo de figuras con esos globos alargados, ese arte que ha dado en llamarse globoflexia. Evidentemente, para conseguir embobar a todos con globoflexia se necesita técnica (para no explotar los globitos), un poco de gracia (como para bailar la bamba) y matemáticas.

Efectivamente, hay muchas matemáticas detrás de dichas figuras que, curiosamente, están relacionadas con el primer problema que se propuso (y resolvió) de una disciplina que hoy en día es muy fructífera: la teoría de grafos. Sí, esa misma teoría que hace poco nos avisaba de que tu muro de Facebook te engaña o que nos ayudaba a explicar matemáticas para antivacunas.

De dicho problema y de su aplicación, por ejemplo al diseño

de rutas para los camiones de basura, hablaremos más adelante, en el capítulo 38. Resumiendo: el matemático suizo Leonhard Euler resolvió en 1736 un problema que se planteaba la gente de la ciudad de Königsberg —actualmente Kaliningrado—, situada en la desembocadura del río Pregel, donde había siete puentes, como se muestra en la siguiente figura:

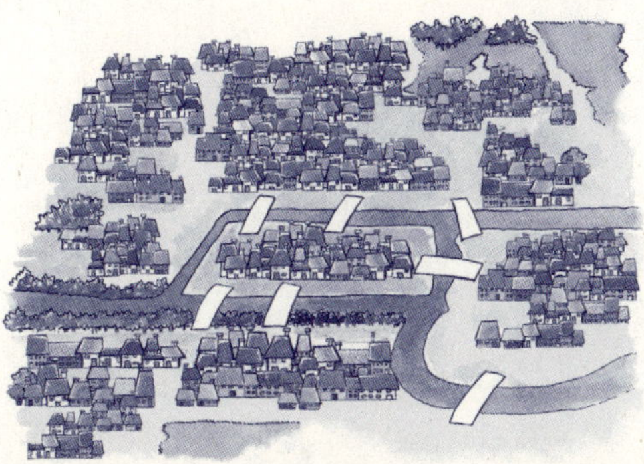

En aquellos tiempos, alguien formuló la siguiente pregunta: ¿Es posible, comenzando en cualquier sitio de la ciudad de Königsberg, elegir un recorrido que nos permita pasar una única vez por cada uno de los siete puentes sobre el río Pregel? Esta cuestión es conocida como problema de los puentes de Königsberg y su solución, debida a Euler, permitió encontrar la respuesta a otro problema mucho más general: ¿qué tipo de figuras podemos dibujar sin levantar el lápiz del papel?

La respuesta de Euler fue bien simple: las figuras que podemos dibujar de un trazo están constituidas por puntos de unión, a los que llamaremos vértices, y líneas entre dichos puntos, a las que llamamos aristas. Pues bien, podremos dibujar sin levantar el lápiz del papel aquellas figuras tales que a cada vértice, salvo posiblemente a dos, van a parar un número par de aristas. Así, concluyó que el problema de los puentes de Königsberg no tiene solución porque hay más de dos vértices con un número impar de aristas. De hecho, todos los vértices del grafo de Königsberg tienen un número impar de aristas.

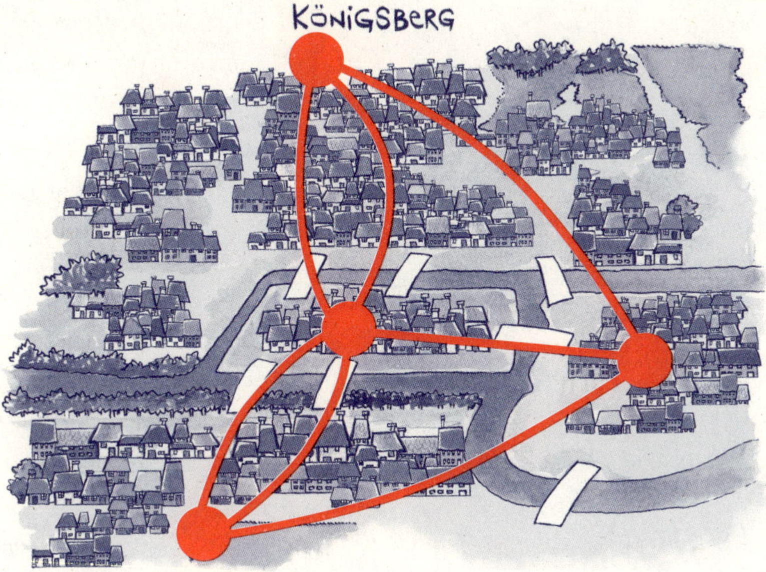

Actualmente, a estos diagramas con vértices y aristas que los unen los llamamos grafos, y a los grafos en los que a todos los vértices va a parar un número par de líneas los llamamos grafos eulerianos en honor a Euler. Sí, es el mismo Euler de la «ecuación más bella del mundo». ¿Qué tiene todo esto que ver con los globos y las figuras que podemos hacer con ellos? Mucho.

Es muy fácil asociar a cada figura formada con globos un grafo: los puntos en los que estrangulamos el globo y lo unimos con otra parte serán nuestros vértices, y los trozos de globo entre vértice y vértice serán las aristas.

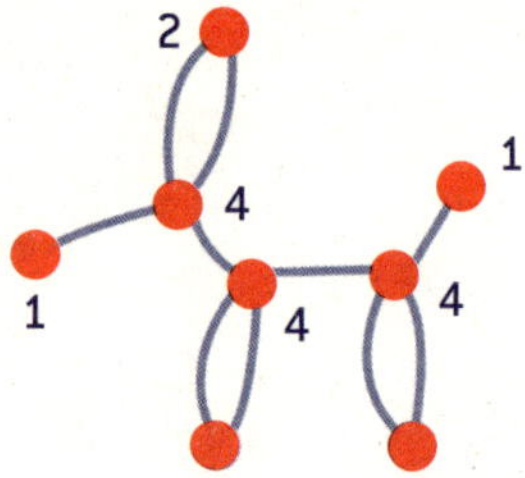

(a) Perro (un globo) clásico

(b) Octaedro (un globo)

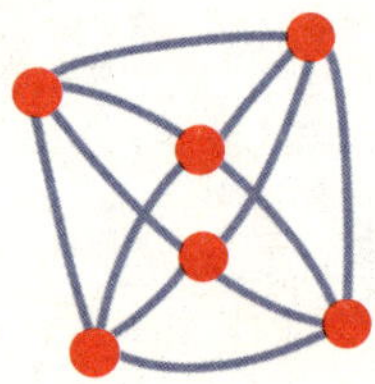

Se puede comprobar que es posible hacer una determinada figura con un globo si —y solo si— el grafo resultante tiene, como máximo, dos vértices a los que unimos con un número impar de líneas (los dos extremos del globo, por ejemplo, que podrían estar unidos entre sí o a otro vértice). Si nos fijamos en el típico perrito hecho con globos comprobamos que, efectivamente, el grafo asociado al perrito solo tiene dos vértices con un número impar de aristas: el morrito y el rabo.

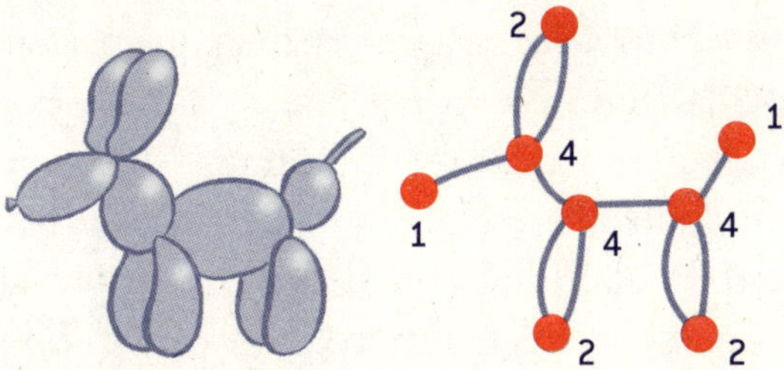

Estos modelos fueron considerados por Erik y Martin Demaine (hijo y padre) y Vi Hart en un trabajo conjunto.[1] En su artículo se plantean más cuestiones (y más interesantes) como, suponiendo que una figura no se pueda conseguir con un único globo, cuántos se necesitarían.

La respuesta se obtiene, de nuevo, contando los vértices con un número impar de aristas: si el número de tales vértices es p (se puede probar que p es siempre un número par); entonces, el número de globos necesarios será $p/2$.

Las dos cuestiones mencionadas anteriormente, aunque curiosas, no dejan de ser muy simples desde el punto de vista matemático, así que el trabajo de los Demaine y de Vi Hart contiene otros resultados mucho más complicados. Se preguntan, por ejemplo, si una figura es realizable dando condiciones a las longitudes de las uniones entre vértices y a las longitudes totales de los globos. En este sentido, demuestran que esos problemas, si se pretende resolverlos con ordenador, son tre-

---

1 - «Computational Balloon Twisting: The Theory of Balloon Polyhedra», en <http://erikdemaine.org/papers/Balloons_CCCG2008/paper.pdf>.

mendamente complejos, ya que prueban que pertenecen a la clase conocida como NP-completa. Esta clase, este tipo de problemas, está muy relacionada con uno de los problemas abiertos más conocidos en la matemática y la computación en la actualidad: P vs. NP. Se trata de uno de los problemas del Milenio propuesto por el Instituto Clay y para cuya resolución se ha establecido un premio de un millón de dólares.

Así que ya saben: igual doblando globitos consiguen resolver un problema que tiene de premio un millón de dólares (y la fama mundial).

¿CUÁL ES EL MEJOR PUESTO EN LA COLA DEL CINE?

Estaba yo en una de esas colas que hemos formado con ilusión y nervios para ser testigos del despertar de la fuerza cuando me vino a la cabeza algo que había leído sobre colas de cine y procesos de selección en Wall Street. Y claro, no he podido resistir la tentación de compartirlo con ustedes: la tentación es intensa.

Gran parte de lo que ocurre en todo el mundo es decidido por algunos de los cerebros que controlan Wall Street. Supongo que para muchos, ser uno de los lobos que trabajan allí representa una especie de máximo en sus carreras. Naturalmente, las preguntas que formulan para poder entrar en una de las empresas punteras suelen ser bastante duras, y muchas de ellas, cómo no, tienen un alto contenido matemático.

Como les contaba en la entradilla, el otro día en la cola del cine me acordé de este acertijo, formulado por una de las compañías más grandes y poderosas, Morgan Stanley: «Un grupo de personas está en la cola de la taquilla de un cine. El dueño del local dice que cada cual puede cambiar su posición, pero que podrá entrar gratis el primero en la cola que tenga alguien delante de él con el que coincida el día de su cumpleaños. Si puedes elegir, ¿dónde te situarías?».

Este interesante problema nos recuerda, en algún sentido, a otros dos: la paradoja del cumpleaños y la elección de secretaria. Recordemos la paradoja del cumpleaños: en un grupo de N personas, ¿qué probabilidad existe de que al menos dos de ellas cumplan años el mismo día? Para calcular esa probabilidad es mucho más sencillo calcular su complementario, esto es: ¿cuál es la probabilidad de que no coincida ninguna fecha de cumpleaños?

Así si hay dos personas ($N = 2$), la probabilidad de que no coincidan sus cumpleaños (eliminemos años bisiestos) es de 364/365, casi 1. Recordemos que la probabilidad es un número entre 0 (seguro que no ocurre ese hecho) y 1 (seguro que ocurre). Para tres personas, hay que multiplicar probabilidades y obtenemos (364 × 363)/(365 × 365).

Una vez encontradas estas probabilidades de que ningún cumpleaños coincida, para calcular su complementario basta con restar dicha cantidad a 1. Si llamamos *P*(*N*) a la probabilidad de que en un grupo de N personas al menos dos de ellas tengan la misma fecha de cumpleaños, obtenemos que *P*(1) = 0, *P*(2) = 1 – (364/365), *P*(3) =1 – (364 × 363)/(365 × 365)...

El gráfico de estas probabilidades es:

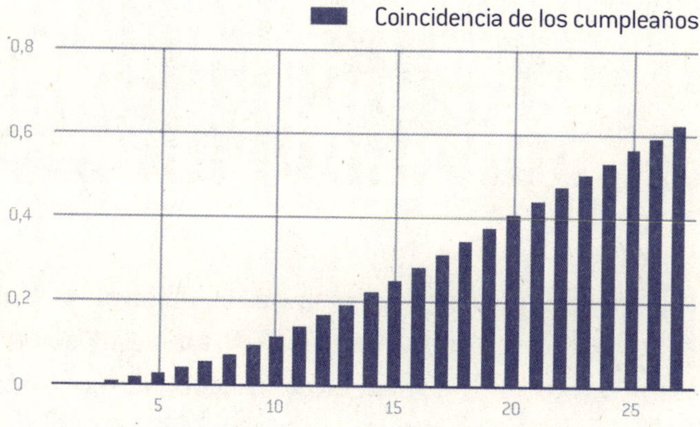

Y sí, es muy llamativo que con solo 25 personas la probabilidad de que dos de ellas cumplan años el mismo día sea superior al 50 %, de ahí lo de paradoja. Pero no estamos buscando esta probabilidad. Para ganar la entrada gratis necesitamos que al ponernos en nuestra posición en la cola, se repita un cumpleaños y que delante de nosotros no se repita ninguno, con lo que estaríamos garantizando que el que se repita primero sea el nuestro. Así que la probabilidad que buscamos para cada posición *N* es de *P*(*N*) – *P*(*N* – 1), siendo

$P(N)$ la probabilidad de que se repita algún cumpleaños entre los N primeros y $P(N-1)$ la probabilidad de que se repita un cumpleaños antes de mi posición, que es la N.

Haciendo algunas cuentas y con ayuda de la tabla anterior, podemos construir esa función y nos da:

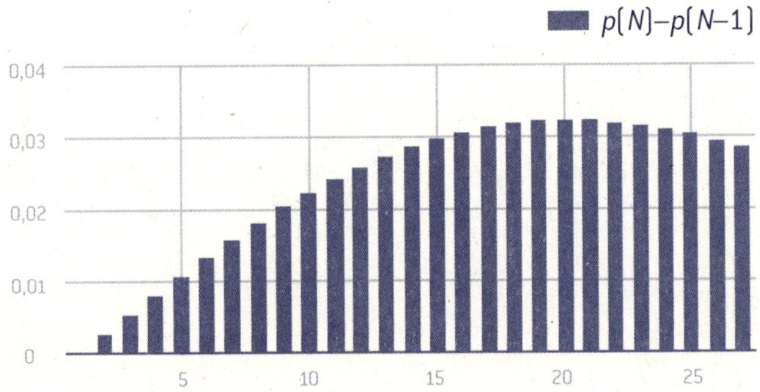

Pues bien, se puede comprobar que el mejor valor se obtiene si nos colocamos en la posición 20, en la que se obtiene un valor de 0,03231985755. No es mucho, pero es lo mejor. En cualquier caso, no estamos interesados en conseguir una entrada gratis para el cine, sino en ser un lobo de Wall Street o un *jedi* de la bolsa.

Estoy casi segura de que las matemáticas serían tan útiles como la fuerza para un *jedi* o, mejor aún, que las matemáticas son la fuerza. En cualquier caso, todavía tenemos mucho que aprender.

CÓMO INVERTIR EN BOLSA CON LA AYUDA DE UN DADO

Hay veces, muchas, en que no sabemos si quedarnos como estamos o arriesgar un poco para conseguir algo mejor. Vamos a practicar con un juego poco trascendente, por si nos sirve de algo después para invertir en Bolsa.

Una de las desventajas de ser adulto es la necesidad constante de tomar decisiones que pueden mejorar o empeorar nuestra situación. Que se lo pregunten a nuestros políticos, por ejemplo.

Vamos a jugar un rato, que nunca viene mal, ¿no? Supongamos que alguien nos plantea el siguiente juego en el que has de pagar 12 € para poder participar: «Tira un dado icosaédrico, con 20 caras numeradas del 1 al 20. A continuación, puedes elegir entre cobrar tantos euros como indique la tirada o pagar un euro más y tirar de nuevo (para volver a empezar)».

Me explico, si escoges la opción de pagar un euro y seguir tirando es como si volvieras a la casilla de salida (pero con un euro menos) y puedes volver a escoger entre las dos opciones. ¿En qué condiciones es preferible quedarse con el dinero y en cuáles seguir tirando?

Está claro que lo mejor que te puede pasar es que te salga 20 en la primera tirada, esa sería la ganancia óptima. Pero ¿y en otro caso? Analicémoslo porque, aunque esto sea un simple juego de dados, lo curioso es que el análisis de algo tan simple como lo que hemos planteado puede ser fundamental para entender las dinámicas de fenómenos como la Bolsa. Efectivamente, en cada momento en la Bolsa debemos tomar una serie de decisiones que pueden ser muy semejantes a las que se plantean en este juego. En él debemos decidir si merece la pena seguir apostando y volver a tirar el dado, o plantarse y recoger las ganancias (o pérdidas).

Así que veamos cómo se ha de jugar. Hay dos elementos iniciales que hemos de tener en cuenta para nuestro análisis. El primero de ellos puede parecer un poco contraintuitivo: en cada momento lo que debemos intentar hacer es maximimizar las ganancias a partir de ese instante, por lo tanto, lo hecho anteriormente no tiene ninguna importancia.

En otras palabras, la decisión de seguir o no se debe tomar solo y exclusivamente en función de la tirada que ha salido en ese momento y no depende del dinero invertido (perdido) hasta el momento.

El segundo elemento es un poco más complejo, aunque menos contraintuitivo; para verlo empecemos con el caso más sencillo. Si nos sale 20, como hemos dicho, hemos de parar y cobrar los 20 euros ya que es imposible mejorar en el futuro (lo mejor que nos podría pasar es que en la siguiente tirada saliera 20 de nuevo, pero eso supondría que cobraríamos 19 € en lugar de 20 €).

Pero si nos sale 19 también hemos de parar y cobrar, porque lo mejor que nos podría pasar si seguimos jugando es que nos saliera 20 en la siguiente tirada y el beneficio sería el mismo. Lo que ya no está tan claro qué hacer si nos sale 18.

En función de todo lo dicho hasta el momento, podemos afirmar el segundo elemento fundamental en nuestro análisis: debe existir un valor ideal, un umbral, de tal forma que si sale un número superior a dicho umbral, entonces paramos, y si sale un número por debajo de dicho umbral, hemos de pagar un euro y seguir. Se trata de encontrar dicho umbral.

Aviso: vienen curvas. Para lo que sigue hacen falta muchas matemáticas: ecuaciones y hasta derivadas. Pero no se asuste el lector demasiado, las cuentas que vienen son relativamente elementales.

Supongamos que el umbral es U y vamos a tratar de encontrar qué cantidad debemos esperar ganar si aplicamos dicho umbral (es decir, si paramos de jugar cuando nuestra tirada sea mayor que U o seguimos en otro caso). Naturalmente, para simplificar nuestro análisis, obviamos los 12 € iniciales: si el valor esperado (esperanza) anterior es mayor que 12 €, entonces merecerá la pena jugar y en otro caso no. Pues bien, la esperanza en función del umbral la podemos calcular de la siguiente forma. Llamaremos E a la cantidad de dinero que se gana de media con el umbral U. Si nos sale una tirada inferior o igual a U (la probabilidad de ello es $U/20$, hay U resultados posibles menores o iguales que U), tendremos una esperanza de ganar $E - 1$ euros (ya que hemos de seguir tirando).

Pero si nos sale una tirada mayor que U (con una probabilidad $(20 - U)/20$), entonces, como nos puede haber salido cualquiera de los valores entre $U + 1$ y 20, el valor medio esperado es justo la media entre $U + 1$ y 20, esto es: $(20 + U + 1)/2$. Así que la esperanza (que se calcula sumando los productos de los valores obtenidos por la probabilidad de obtenerlos) de ganar cuando hemos fijado el umbral U es:

$$E = \frac{20 + U + 1}{2} \cdot \frac{20 - U}{20} + (E - 1) \cdot \frac{U}{20}$$

Ya ha pasado lo peor. En esta fórmula solo queda despejar la E y nos queda:

$$E = \frac{420 - U^2 - 3U}{40 - 2U}$$

Ahora podemos tomar dos vías: la primera, derivar para obtener el máximo de la función, y la segunda, dar valores a U de 1 a 20 y tomar el valor que nos dé un E mayor. Naturalmente, las dos vías conducen a la misma solución ya que el umbral óptimo es $U = 14$. Esto es: si nos sale 15 o más, cobramos; si nos sale 14 o menos, pagamos un euro y seguimos jugando.

¿Cuál es el valor de la ganancia esperada en el juego si $U = 14$? Pues basta con usar la fórmula anterior y vemos que para $U = 14$, tenemos que $E = 15{,}167$ (en realidad, $E = 15 + 1/3$). Eso quiere decir que si pagamos los 12 € iniciales, nos merecerá la pena jugar y que el valor esperado de nuestras ganancias (si aplicamos la estrategia ganadora de seguir jugando hasta que nos salga 15 o más) es de 15,167 – 12 = 3,167 €. Lo cual no está nada mal: un beneficio cercano al 28 % de nuestro valor invertido.

Pues nada, ya están listos para invertir en Bolsa. Tengan cuidado ahí afuera.

A PROPÓSITO DE LAS PALOMAS, EL CABELLO Y LAS HILERAS DE SILLAS

¿Crees que en Madrid habrá dos personas que tengan exactamente el mismo número de cabellos en la cabeza? Estoy absolutamente segura de que sí. No, no me he dedicado a contar los cabellos de todos los madrileños, aún no. Esto, y otras muchas cosas, se deducen del principio del palomar.

En matemáticas, como en la vida en general, ocurre a veces, muchas, que las cosas que a primera vista parecen más pequeñas e insignificantes, producen resultados y/o satisfacciones más profundas y duraderas. Parafraseando a nuestro Serrat, son esas pequeñas cosas que nos dejó no un tiempo de rosas, sino, en este caso, un matemático alemán del siglo XIX, Dirichlet. Me estoy refiriendo hoy al principio del palomar. No confundir con el principio castizo de Juan Palomo, que no tiene nada que ver. El de Juan es más de políticos con cargos que de matemáticos...

¿Qué nos asegura el principio del palomar? Pues algo tan evidente como que si tienes más palomas que palomares

donde alojarlas, en un palomar tiene que haber más de una paloma. Digo. Supongo que alguien habrá pensado: «Pues, vaya, también se quebró el alemán al deducir esto...». Bueno, sí, es una propiedad, como he dicho, evidente, pero se acepta que el primero que la formuló formalmente fue Gustav Dirichlet, allá por 1834. Por la mañana, creo.

Con total certeza, del hecho de que si tienes más palomas que palomares, tienes que meter en algún palomar más de una paloma, se había dado cuenta mucha gente mucho antes. Pero si dedicamos este capítulo a recordarlo es por el hecho de que, como se dijo al comienzo, son muchas y muy variadas las consecuencias que se pueden deducir de este principio. Vamos a repasar algunas.

Comenzando con un ejemplo de palomas y palomares, es fácil entender que si tienes 10 palomas y 3 palomares, en alguno de ellos como máximo hay 3 palomas. ¿Por qué? Porque para que los 3 palomares tuviesen, al menos, 4 palomas, se necesitan, de entrada, 12 de las colúmbidas.

En general, si tenemos que distribuir *n* objetos en 3 cajas, siempre habrá una de ellas con, como máximo, *n*/3 de esos objetos (si *n*/3 no es entero, si tiene decimales, nos quedamos con la parte sin decimales). Es decir, que si tengo 100 objetos en 3 cajas, en una de ellas habrá, como máximo, 33 objetos (en otro caso, cada caja tendría 34 o más y eso son más de 100). A su vez, esta propiedad tan evidente, la de las 3 cajas o los 3 palomares, tiene aplicaciones, por ejemplo, en problemas de vigilancia en una galería de arte. *Pa'* que vean...

En cuestiones más mundanas, el principio del palomar nos permite afirmar, por ejemplo, que en Madrid hay al menos 2 personas que tienen el mismo número de cabellos en la cabeza. Efectivamente: si consideramos que en la capital de España hay más de 3 millones de habitantes y que una persona, como máximo, tiene como máximo 200.000 pelos en la cabeza, ya lo tenemos. Basta con imaginar que asignamos a cada habitante una papeleta con su número de pelos escrito en ella. Hay muchos más habitantes que papeletas, por lo que algunas estarán repetidas. Al menos una.

También como curiosidad que comentar a la hora del café, podemos afirmar que en una reunión de 10 personas, hay al menos 2 que han saludado al mismo número de asistentes. ¿Cómo? Pues porque sabemos que en esa reunión no puede haber, a la vez, una persona que no haya saludado a nadie y otro que haya saludado a todos, claro. En ese caso, el número de personas saludadas por los asistentes es, o bien uno de estos {0, 1, 2, 3, 4, 5, 6, 7, 8} (si hay un malaje que no saludó a nadie y al que nadie saludó), o bien {1, 2, 3, 4, 5, 6, 7, 8, 9} (si no vino el malaje). En cualquier caso, si etiquetamos a cada asistente con el número correspondiente al número de personas que saludó, tenemos 9 etiquetas para 10 asistentes, más palomas que palomares, por lo tanto, 2 de ellos han saludado al mismo número de personas.

Usando el palomar también se puede asegurar, por ejemplo, que al elegir (al azar) 7 números naturales distintos entre 1 y 11, dos de ellos sumarán 12. ¿Cómo? Metemos los números del 1 al 11 en 6 cajas, de manera que en cada caja, el contenido sume 12, como en la figura:

2,10	3,9	4,8	5,7

A continuación, tenemos que escoger los 7 números de las cajas y solo tenemos 6 cajas, por lo tanto, tendremos que elegir los 2 números de una ellas y ya lo tenemos.

Estas son algunas consecuencias sencillas del principio del palomar, pero hay muchas más, muy interesantes y llamativas para matemáticos y no matemáticos. A mí me encanta la de que si pintas 5 puntos con un rotulador en una pelota (esfera), siempre 4 de ellos están en la misma mitad de la pelota, en un único hemisferio. Sí, sí. Es así aunque pueda parecer que no. Si pintas los 2 primeros, ya tienes definidos los 2 hemisferios, considerando el plano que definen esos 2 puntos que has pintado y el centro de la esfera, y cortándola por dicho plano. Es decir, ya hemos definido el ecuador. Ahora tienes que pintar 3 puntos y solo tienes 2 hemisferios...

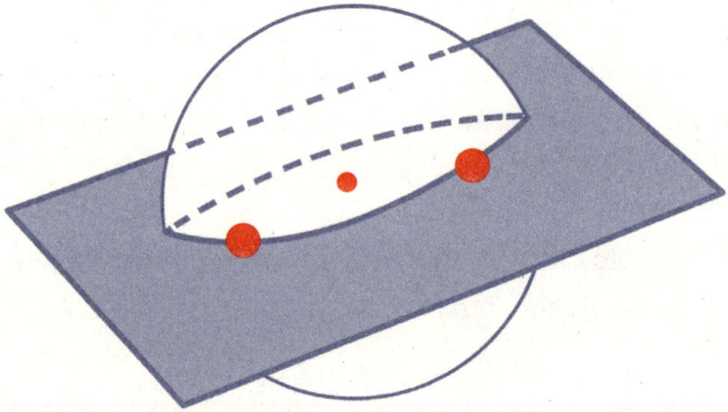

Los puntos sobre el ecuador se consideran puntos pertenecientes a ambos hemisferios. Chulísimo, ¿no? También con el principio del palomar se deduce que si hay más de 366 personas en un grupo, dos de ellas cumplen años el mismo día. Pero en el tema de los cumpleaños es mucho más llamativo el hecho de que con solo 57 personas, la probabilidad de que haya al menos 2 que cumplan años el mismo día es del 99 %. Pero esto tiene que ver con la paradoja del cumpleaños, que ya explicamos.

Ahora les propongo un reto para la hora del café, para no hablar de cómo está la cosa: cómo se demuestra que si se sientan al azar 9 personas en una fila de 12 sillas, habrá 3 sillas consecutivas ocupadas. Siempre pueden probar todas las posibilidades, pero eso es muy largo... Piensen en palomas y palomares...

¿VERDAD O MENTIRA? Cuestión de escala

A menudo recibimos informaciones no del todo objetivas por falta de instrumentos precisos para la medición de los hechos cuantificados. Lo curioso es que a veces, aún disponiendo de herramientas precisas, también somos víctimas de informaciones erróneas. Esto va de escalas.

En los tiempos que nos han tocado vivir asistimos continuamente a la presentación por parte de nuestros políticos de datos sobre el estado del país y tal, y depende de quién los presente, son buenos o malos.

Una ya no sabe a quién creer... Básicamente, una ya no entiende nada... Pero no es de eso de lo que quiero hablar, porque parece que el problema en estos casos es que no tenemos aún diseñados buenos *termómetros* para medir el desempleo de forma objetiva ni *sismógrafos* para predecir algún terremoto social si este se fuese a producir. En realidad, no se trata solo de disponer de aparatos concretos de medición, sino de, además, saber interpretar sus resultados. Porque para la temperatura ambiente sí que tenemos termómetros, y sismógrafos

para predecir los *quejidos* del planeta (huy, me estoy pareciendo a Punset), y no siempre los interpretamos bien.

En ocasiones no veo muertos, pero sí oigo a alguien decir, por ejemplo, «Hemos pasado de 18 a 36 grados en una semana, el doble de calor, niña». Y con educación, yo siempre contesto a este tipo de afirmaciones de ascensor: «Bueno, eso es porque lo dices tú; si lo dijera un estadounidense, igual no». Efectivamente, nosotros medimos la temperatura en grados centígrados o Celsius, pero en la patria de Feynman, la temperatura se mide en grados Fahrenheit, y en grados Fahrenheit no es el doble. Por si no lo recuerdan de cuando lo estudiamos en el colegio, para transformar grados Celsius (ºC) en grados Fahrenheit (ºF) hay que tener en cuenta que el agua se congela a 0 ºC y hierve a 100 ºC, lo que indica una diferencia de 100 ºC.

El agua se congela a 32 ºF y hierve a 212 ºF, lo que indica una diferencia de 180 ºF. Por lo tanto, cada grado en la escala Fahrenheit es igual a 100/180 (o 5/9) grados en la escala Celsius. Así las cosas, si tenemos la temperatura en grados centígrados o Celsius, la tenemos que multiplicar por 9, el resultado lo dividimos por 5 y a lo que salga, le sumamos 32.

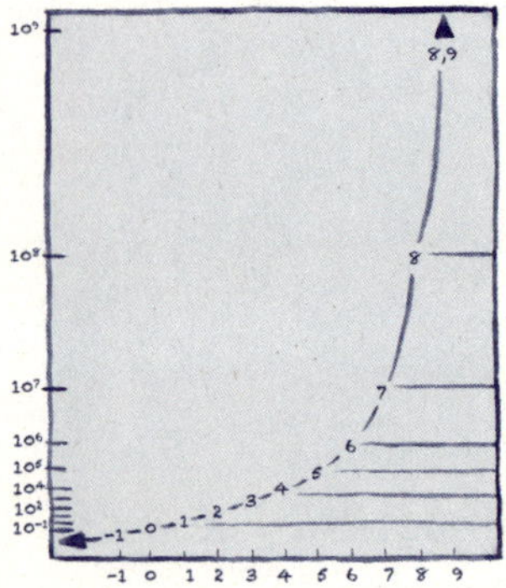

La escala utilizada para medir la magnitud (la energía liberada por los temblores de tierra) no es lineal, sino logarítmica, como muestra esta figura. Aquí se observa que un seísmo de magnitud 8 libera prácticamente el doble de energía que un seísmo de magnitud 7. Por otra parte, un seísmo de magnitud 8 hace que la tierra tiemble 10 veces más (por la amplitud del movimiento) que otro de magnitud 7.

Por lo tanto, no es el doble de calor, sino el doble de temperatura en Celsius, si quieren, eso sí. Por cierto, ¿saben que cuando Celsius propuso su escala 100 ºC era la temperatura a la que se congelaba el agua a nivel del mar y 0 ºC la temperatura a la que hervía el agua al mismo nivel? Pues sí, fue su compatriota Carlos Linneo el que le dio la vuelta tres años más tarde para dejarlo como lo conocemos ahora.

Seguimos. Un error parecido a este del «doble de calor» lo encontramos cuando se habla de terremotos... No, un terremoto de magnitud 8 no es el doble que un terremoto de magnitud 4, como algunas veces he tenido la suerte de leer en alguna crónica periodística. No. De hecho, un terremoto de magnitud 8 es 10.000 veces mayor que un terremoto de magnitud 4. ¿Que por qué? Pues porque la escala sismológica de magnitud del momento es una escala logarítmica.

Ajá, no he dicho la escala de Richter por varias razones. La más importante es que la escala de Richter deja de usarse para terremotos de magnitud superior a 6,9 porque deja de ser fiable y asigna magnitudes similares a terremotos que son visiblemente diferentes. De hecho, la escala de Richter solo debería usarse en la falla de San Andrés, en California, y para un sismógrafo concreto, que, por cierto, solo marca hasta la magnitud 6,8. Sin embargo, seguimos oyendo o leyendo sobre magnitudes de terremotos en la escala de Richter porque algunos periodistas se empeñan en añadir «de Richter» cuando dan la noticia...

Seguimos, ¿qué significa que la escala de magnitud del momento es logarítmica, de base 10? Significa que cada vez que subimos 1 grado en la escala, es como si multiplicáramos por 10. Vamos, que un terremoto de magnitud 5 tiene una magnitud 10 veces mayor que uno de magnitud 4, uno de magnitud 6 es 100 veces mayor que uno de 4, uno de 7 será 1.000 veces mayor, y así, uno de magnitud 8 es 10.000 veces uno de magnitud 4. Este tipo de escalas, las logarítmicas, son utilizadas, por ser más apropiadas cuando la cantidad de datos a medir puede tomar valores muy diferentes, cuando el rango de valores que puede tomar el dato a medir es muy grande.

De hecho, se acepta que Richter (cuya escala también es logarítmica y es similar a las de la magnitud del momento para valores inferiores a 6,9) se inspiró en la escala de magnitud aparente (logarítmica) usada en astronomía para medir el brillo de cuerpos celestes.

Ojo, estamos hablando de magnitud, que es lo que mide el sismógrafo. A veces, también en algunas noticias, se confunde magnitud con intensidad, siendo esta última una medida subjetiva, asignada por la estimación que el ojo humano hace de los daños visibles en las estructuras.

También existen escalas para medir la intensidad de una forma más o menos estandarizada: una de las más conocidas es la escala de Mercalli y en Europa tenemos la Escala Macrosísmica Europea (EMS)[1] que establece, por ejemplo, intensidad V (la intensidad se expresa en números romanos) o fuerte si mucha gente que estaba dormida se despierta y/o las puertas y ventanas se cierran solas. Ya ven, ni siquiera cuando las mediciones están hechas con herramientas precisas podemos fiarnos siempre de las interpretaciones que nos llegan.

Eso explicaría también que, a falta de instrumentos, una misma plaza, la plaza Neptuno de Madrid, por poner un ejemplo cualquiera, pueda estar llena con unas 6.000 personas en algunas ocasiones y, sin embargo, pueda dar cabida a un millón de jóvenes píos si hiciera falta.

---

1 - <https://es.wikipedia.org/wiki/Escala_macros %C3%ADsmica_europea>.

APARCAR EL COCHE GRACIAS A UN ÁRBOL DE PERRON

Posiblemente alguna vez has tenido que aparcar en línea en una calle estrecha y has desistido porque no tenías espacio suficiente para girar en la maniobra. ¿Cuál es el espacio mínimo requerido para girar un coche? ¿Y la varilla de un metro? A veces, preguntas tan cotidianas y simples como estas han dado lugar a grandes investigaciones en matemáticas.

Estoy casi segura de que han oído a alguien utilizar la expresión «dar un giro de 360º» como analogía de cambio radical en su vida, por ejemplo. Estoy casi segura también de que han sonreído con ternura sabiendo que un giro de 360º no es ningún cambio radical porque se trata de una vuelta completa y, por tanto, ese giro nos deja donde empezamos. Es decir, que la expresión de marras se puede usar más como analogía de la pasividad y el inmovilismo que como síntoma de cambio radical. Sin embargo, en otras situaciones querer dar un giro de 360º puede dar pie a una extensa investigación en matemáticas. Por ejemplo, imaginen que tienen una aguja (una varilla) de un metro de longitud, ¿cuál es el área mínima que necesito para girarla? A poco que uno lo piensa, llega a la conclusión de que, claro, en un círculo de un metro de diámetro es posible girarla.

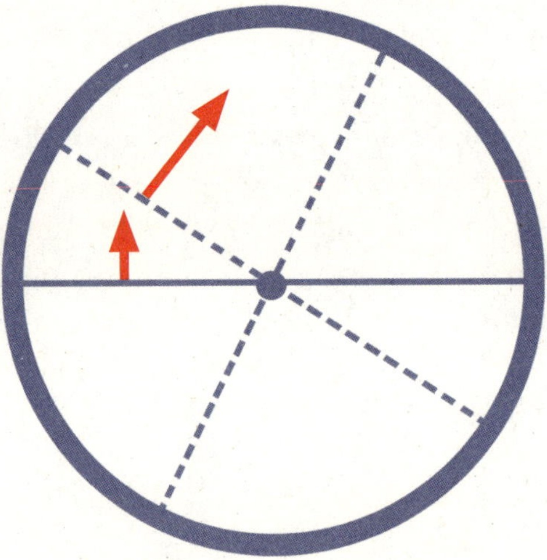

Pero ¿se puede hacer en un recinto más pequeño? Pues sí, también. Basta con un triángulo equilátero de altura 1 metro y con usar el mismo tipo de «maniobras» que usamos para aparcar nuestro coche, girar hasta donde se pueda, avanzar o retroceder, volver a girar...

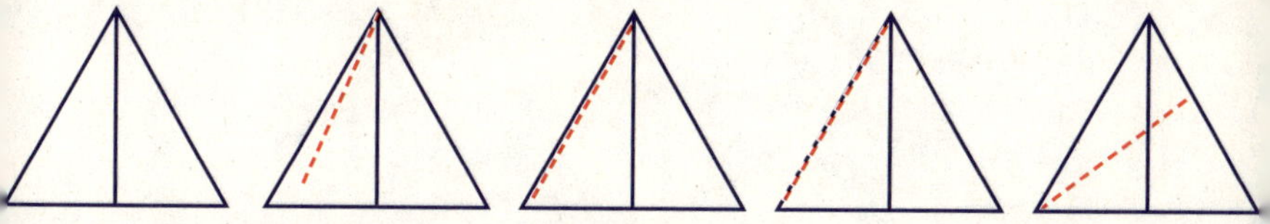

Nos fijamos en una de las alturas del triángulo (esa será la varilla, en rojo en el dibujo), la giramos un poco, la llevamos sobre uno de los lados del triángulo, la bajamos hasta el otro vértice del triángulo (el inferior izquierdo en la figura) y la giramos hasta tocar el lado opuesto del triángulo. ¿Se puede hacer en un recinto más pequeño? Según Soichi Kakeya, sí. Este matemático japonés defiende que el recinto de menor área en el que se puede girar una varilla de un metro (permitiendo desplazamientos como en el *parking*) es una figura conocida como deltoide, como el que aparece en la siguiente ilustración:

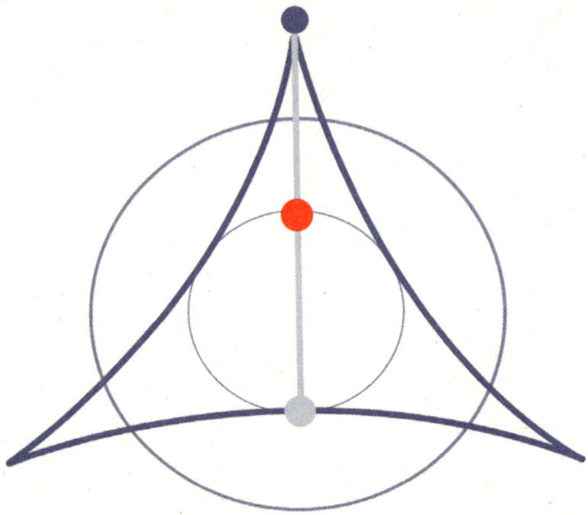

Si la varilla mide 1 metro, el diámetro de la circunferencia dibujada por el punto medio de la misma, en rojo en la figura, es de 50 centímetros, la mitad de la longitud de la varilla. Desafortunadamente, nuestro colega japonés estaba equivocado. No obstante, este problema fue bautizado como el problema de Kakeya, puesto que fue él quien lo propuso. Efectivamente, hay recintos más pequeños que el deltoide en los que puede girar la aguja. De hecho, podemos encontrar recintos del área que queramos, por muy, muy pequeña que esta sea, en los que pueda girar la varilla. Sí, ha leído bien, podemos encontrar recintos de áreas infinitamente pequeñas, cercanas a 0, en los que girar nuestra aguja.

A estos recintos se los llama, en un alarde de imaginación, conjuntos de Kakeya. ¿Qué? ¿Que no? Pues sí, lo demostró el matemático ruso Abram Samóilovich Bezikóvich. Elija un número (positivo, claro), el más pequeñito que se le ocurra, y Bezikóvich le construye un recinto con una superficie menor que su número elegido y en el que puede girar 360º una varilla de 1 metro de longitud. En realidad, la propiedad que tienen los conjuntos descritos por Bezikóvich es que en ellos podemos colocar una varilla de un metro, por ejemplo, en cualquier dirección. Pero a partir de estos, de los conjuntos de Bezikóvich, se pueden construir conjuntos de Kakeya.

¿Cómo lo hace? Uno de los métodos más conocidos para ello es el propuesto por otro matemático, esta vez alemán, Oskar Perron, en un trabajo de 1928 en el que simplifica la propuesta del ruso. La construcción de Perron, conocida como el árbol de Perron, consiste en partir de un triángulo equilátero de altura un metro y dividirlo en un número suficiente de triángulos iguales, para luego superponer convenientemente dichos triángulos, de forma que dentro de la figura así obtenida quepa una varilla de un metro de longitud en cualquier dirección. Cuantas más divisiones hagamos del triángulo original, menos área tendrá la figura (el árbol) resultante de las superposiciones.

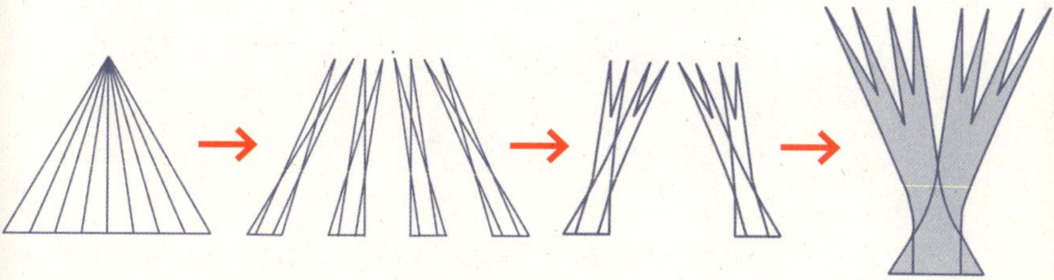

Ahora solo tenemos que rotar y combinar los árboles de Perron para conseguir recintos de Bezikóvich. Igual que para aparcar en un sitio estrecho, se trata de maniobrar con la varilla girando, avanzando y retrocediendo. Este tipo de problemas, que nacieron casi como divertimentos matemáticos, tienen infinidad de aplicaciones en estadística, matemática discreta, combinatoria, ecuaciones en derivadas parciales... El trabajo de Terence Tao explica algunas de ellas.[1]

Ya no tienen excusa para no aparcar en calles estrechas, solo necesitan paciencia. Y dirección asistida, claro.

---

1 - Terence Tao, «From rotating needles to stability of waves: Emerging connections between combinatorics, analysis, and PDE», en <http://www.ams.org/notices/200103/fea-tao.pdf>.

LA EXPLICACIÓN CIENTÍFICA DE LAS OLAS EN LOS ESTADIOS

Probablemente han contribuido a formar una ola en algún estadio deportivo. Quizá solo se dejaban llevar por la euforia del momento o, quién sabe, por el aburrimiento del evento en cuestión. Lo que quizá desconozcan es el hecho de que estudiar el origen y la propagación de una ola de este tipo puede ser más que interesante para aspectos menos lúdicos de la ciencia.

En eventos deportivos, especialmente en el fútbol, es muy común la aparición de eso que llamamos «la ola». En realidad, esta ola es conocida como «la ola mexicana» porque se popularizó durante el mundial de México de 1986. Este fenómeno surge normalmente cuando el público se lo está pasando en grande y quiere participar del espectáculo. Unos cuantos espectadores se levantan de sus asientos alzando sus brazos y luego vuelven a su posición de inicio, y son seguidos por espectadores adyacentes.

Pues bien, detrás de este hecho se esconde un interesante sistema digno de ser estudiado con las herramientas de la física y la matemática. Existen diversos estudios que tratan sobre distintos aspectos de la ola, gracias a los cuales tenemos un buen entendimiento de sus características, que son:

1. Se inician con un número reducido de espectadores, del orden de unas pocas docenas. Se podría decir que se necesitan unos 25 espectadores para comenzar una.

2. Rápidamente se estabilizan y adquieren una velocidad típica de 12 m/s, es decir, unos 20 asientos por segundo. Su anchura también permanece constante mientras está en la fase estable, de 6 a 12 metros, alrededor de 15 asientos en la fase levantada.

3. Generalmente, suelen ir en el sentido horario.

4. La ola se disipa de forma espontánea.

Crear modelos matemáticos para la ola mexicana es interesante por varios motivos. En primer lugar se ha de tratar con sistemas que muestran un comportamiento autoorganizado y espontáneo, comportamiento que surge de la coordinación entre un número elevado de individuos que actúan de forma independiente.

Esto es muy interesante ya que el comportamiento colectivo depende de la decisión individual de cada espectador. Es decir, hay que combinar procesos de decisión con procesos de comportamiento conjunto, y eso es un reto tanto para la descripción teórica como para la implementación de simulaciones por ordenador. Afortunadamente, la física y la matemática nos proporcionan herramientas para afrontar este problema: el estudio de gases o materiales, por ejemplo, combina descripciones de los elementos que los conforman con descripciones globales de tales sistemas.

En segundo lugar se puede intuir una cuestión que quizá parece trivial pero que en realidad es bastante compleja: cuando un pequeño grupo de espectadores se coordina para iniciar la ola, generalmente haciendo algún tipo de sonido, lo que se espera es que al levantarse y sentarse los espectadores cercanos tanto a derecha como a izquierda sigan con el movimiento. Es decir, la ola debería propagarse a partir del foco en las dos direcciones permitidas.

Sin embargo, la experiencia nos dice —y si hemos estado en un campo de fútbol lo habremos vivido— que la ola se suele propagar solo en una dirección y que además suele ser la horaria. Eso introduce un elemento de rotura de simetría que es muy interesante, ya que lo exhiben muchos fenómenos físicos naturales.

Utilizando modelos probabilísticos del comportamiento de cada individuo se puede obtener una buena aproximación al comportamiento global de la ola. Con modelos muy simples se ha conseguido emular la aparición, propagación y extinción de una ola mexicana. De hecho, hay implementaciones tan chulas como en los campeonatos de fútbol de Lego, donde las gradas están programadas para que surjan olas de forma espontánea. Este tipo de estudios aparentemente lúdicos tienen gran importancia para el tratamiento de la propagación de fuegos o de las señales eléctricas que controlan el movimiento del corazón. Tanto en un caso como en otro, ya sea el comportamiento de cada elemento de un bosque ante el fuego o el de cada célula del corazón ante un determinado estímulo nervioso, es importante tener control sobre el comportamiento del sistema al completo. Por ejemplo, si las células de nuestro corazón no se coordinan globalmente ante los distintos estímulos, las consecuencias son desastrosas.

Es sorprendente que las mismas herramientas matemáticas que se han desarrollado para el estudio de gases o metales excitables, por poner unos ejemplos, se puedan aplicar con cierto grado de confianza a grandes grupos sociales. La investigación en este campo puede aportar herramientas para el manejo de crisis grupales en recintos cerrados y evitar catástrofes indeseadas.

¿Qué? ¿Se merecen o no se merecen una ola? Va, empiezo yo. Voy.

VELADAS, SALUDOS Y TEORÍA DE GRAFOS

Posiblemente alguna vez han salido de una fiesta con amigos y no recuerdan si saludaron a todos o no. Si le preguntan a su acompañante (si lo hubiese), posiblemente tampoco lo recuerde con exactitud. Es un buen momento para tratar de averiguarlo jugando un poco con grafos.

No es la primera vez (ni la segunda) que hablamos de teoría de grafos en esta casa, ni tampoco será la última, créanme. ¿Por qué? Pues, entre otras razones más prosaicas, porque esta rama de las matemáticas proporciona unas herramientas muy potentes para la resolución de problemas con una elegancia y simplicidad que las hacen dignas de estar, algunas de ellas, colgadas en las paredes de algún museo. Bueno, igual me he excedido, pero sí sería interesante que se conociera la teoría de grafos en la escuela secundaria porque permitiría al estudiante resolver problemas matemáticos complicados con herramientas intuitivas y atractivas... y, ¿quién sabe?, igual acabaríamos con el desapego de una parte importante del alumnado por esta disciplina: las matemáticas.

Vamos a ver cómo los grafos permiten resolver un acertijo sobre una fiesta y unos saludos. Pongamos que Ana y Blas asisten a una fiesta junto con otras cuatro parejas. Al encontrarse, algunos se saludan con un apretón de manos y otros con un beso. Al acabar la fiesta, Blas pregunta a los asistentes a cuánta gente ha dado la mano al saludar y recibe nueve respuestas diferentes. ¿Y a cuántas personas ha dado la mano Ana? Les dejo un rato para que lo piensen, hagan todas las cuentas que quieran.

Ya.

Lo más importante para resolver un problema de matemáticas es saber leer. Lo leemos con atención y tratamos de extraer de la lectura toda la información que nos puede ser útil para resolverlo, por ejemplo, que Blas ha recibido nueve respuestas diferentes. Tenemos a diez personas en la fiesta, y uno de ellos, Blas, les pregunta a los demás y obtiene nueve respuestas diferentes, eso significa que todas las respuestas eran distintas. Parece una tontería, pero no lo es.

Seguimos. Cada uno de los nueve asistentes a los que Blas preguntó puede haber dado la mano a un número de personas entre 0 (este sería el besucón o la besucona de la fiesta) y 9 (este sería el más tímido o menos besucón, el que solo saluda con apretones de manos).

O sea que las respuestas que dieron los asistentes de la fiesta a Blas estaban comprendidas dentro del conjunto {0, 1, 2, 3, 4, 5, 6, 7, 8, 9}. Alguna sobra porque en este conjunto hay 10 números y solo fueron 9.

Vamos a pensar un poco más, que es gratis y gratificante. No tiene sentido que ningún asistente le diera la mano a nueve personas. ¿Por qué? Pues porque eso significa que al llegar saludó con un apretón de manos también a su propia pareja y, normalmente, cuando se va en pareja a un fiesta se va «saludado» de casa, ¿no? Estupendo, porque con esto eliminamos el 9 del conjunto de respuestas posibles y ya sabemos que las respuestas que obtuvo Blas de los otros asistentes de la fiesta fueron:

{0, 1, 2, 3, 4, 5, 6, 7, 8}

Seguimos. Recuerdo que tenemos que averiguar a cuántas personas dio la mano Ana. Para ello vamos a representar en un grafo a los diez asistentes a la fiesta. Dibujamos diez vértices (puntos) y los etiquetamos de la siguiente manera: a un vértice lo llamamos Blas y los otros 9 asistentes estarán etiquetados con el número correspondiente a la respuesta que le dieron a Blas.

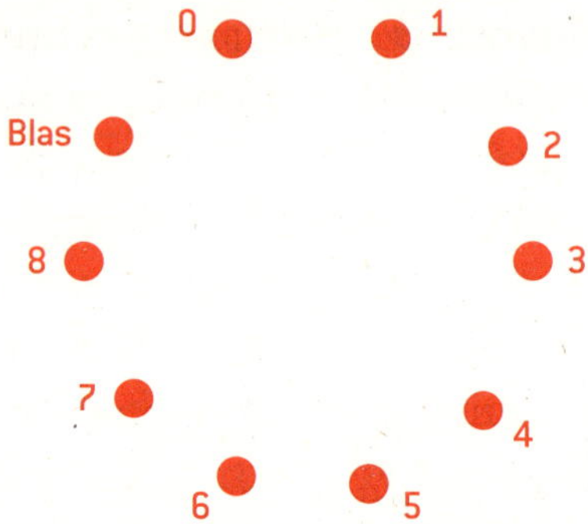

Ahora vamos a unir con aristas (líneas) cada vértice (que corresponde a un asistente) con los vértices correspondientes a los asistentes a los que dio la mano. Empezamos con el 8. El asistente con la etiqueta 8 lo tenemos que unir con ocho de los nueve vértices restantes. Bueno, es fácil, lo unimos con todos menos el de la etiqueta 0, que no estará unido con nadie (este era el besucón, les recuerdo):

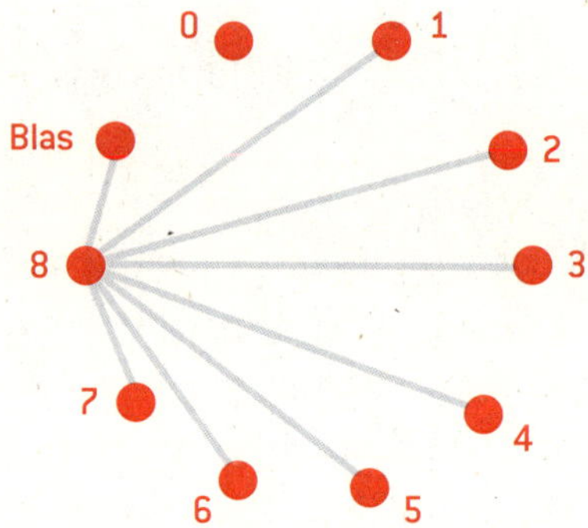

¿Qué podemos deducir del grafo anterior? Efectivamente, que el vértice 0 es la pareja del vértice 8, porque este último le ha dado la mano a todos los demás y no es normal (ni deseable) saludar con un apretón de manos a tu pareja cuando llegas a una fiesta.

Estupendo. Coloreamos con el mismo color el 0 y el 8 para señalar que son pareja (como si de dos jubilados teutones se tratara) y seguimos dibujando el resto de aristas (líneas) del grafo.

Es el turno del 7. De este vértice tienen que salir siete aristas, y ya tenemos una, la que lo une con el 8, así que tenemos que añadir seis. Con el 0 no lo unimos porque el 0 no se une con nadie, con el 1 tampoco porque ya tiene una arista (la que llega del 8) y solo puede tener una (porque lleva la etiqueta 1), y con el 8 ya estaba unido. Nos quedan el 2, el 3, el 4, el 5, el 6 y Blas. Vamos a ello:

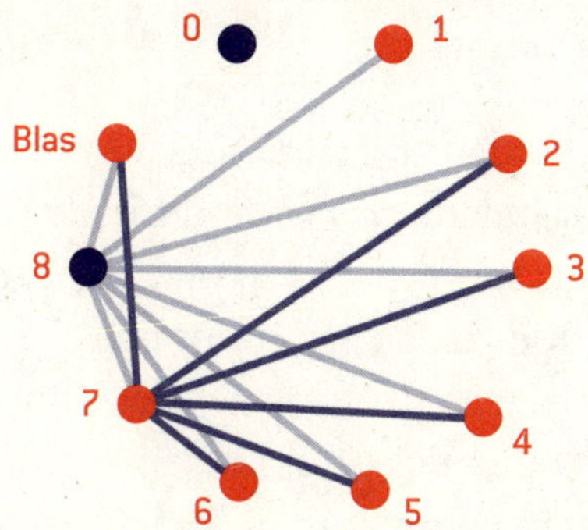

Pues ya hemos fichado a la pareja del 7, debe ser el 1. ¿Por qué? Porque el 7 ha saludado con un apretón de manos a todos menos al 0 y al 1, pero el 0 es la pareja del 8, así que no queda otra opción. Los pintamos del mismo color para indicar que son pareja y seguimos dibujando aristas del grafo.

Le toca al 6. Del 6 ya salen dos (la del 7 y la del 8), así nos faltan cuatro. No lo podemos unir ni con el 0, ni con el 1, ni con el 2 porque estos están completos; nos quedan el 3, 4, 5 y Blas. Vamos a ponerlas:

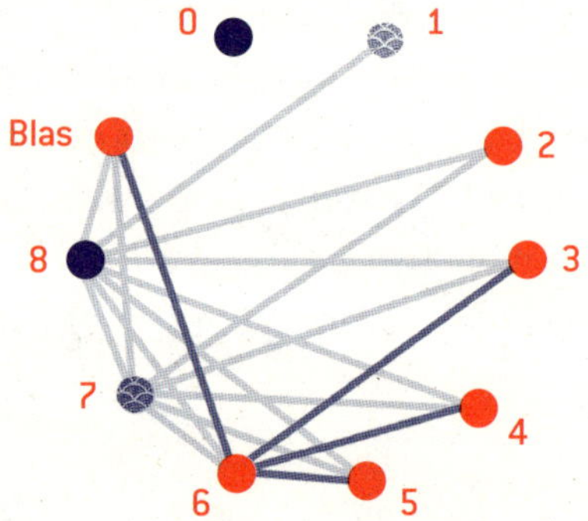

Ya lo tienen, ¿verdad? La pareja del 6 es el 2 porque, de los tres que no han saludado con un apretón de manos (0, 1, 2), es el único que no está emparejado ya. Coloreamos a la nueva pareja con el mismo color y seguimos con el 5.

Del vértice 5 ya salen tres aristas, así que necesitamos dos más y las únicas opciones posibles son 4 y Blas (el resto de los vértices ya están completos, es decir, tienen tantas aristas como marcan sus respectivas etiquetas):

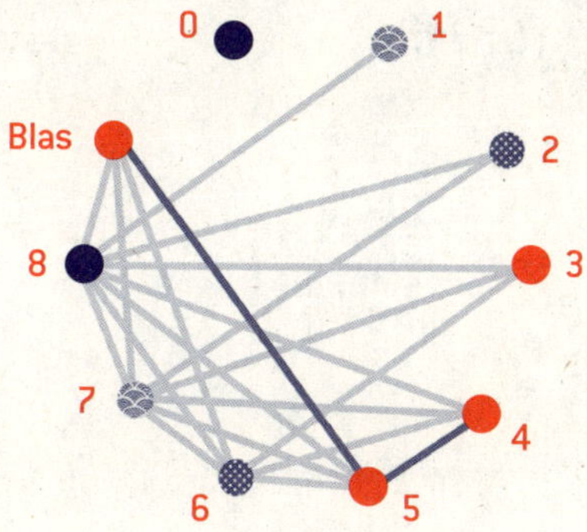

Siguiendo un razonamiento similar a los anteriores concluimos que el 5 es pareja del 3. También los coloreamos con el mismo color y ya no hay que dibujar más aristas porque todos los vértices están completos:

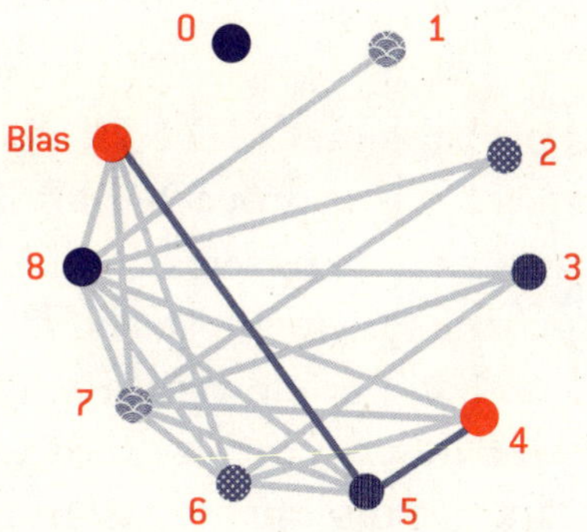

Pues ya está. Ana, la pareja de Blas, es el vértice 4 y, por lo tanto, saludó a cuatro de sus amigos con un apretón de manos y a los otros cuatro con un beso.

Curioso, ¿verdad? Volvemos con más grafos y con más fiestas otro día. Disfruten de la semana.

A PROPÓSITO DE LOS JPEG Y DE TUS SELFIS

¿Es usted de los que se hace selfis para dar envidia de sus vacaciones? Este gesto tan de moda y que tanto daño ha hecho en nuestro día a día es posible gracias a las matemáticas. Lo siento, no todo iba a ser bueno.

El verano es probablemente la época del año en que tomamos más fotos. Aprovechamos las vacaciones para «castigar» a nuestros seres queridos enviándoles imágenes de esos sitios maravillosos en los que estamos y a los que ellos no han podido venir (o de nuestros pies en la arena, vaya). Para ello, casi todos utilizamos nuestros móviles o cámaras digitales. Existen también otros métodos para enviar imágenes que no usan esos dispositivos, sino otros más primitivos que se llaman postales, ¿se acuerdan?

Pues bien, si se fijan, casi todas las imágenes que sacamos están almacenadas en unos archivos que tienen la extensión .jpg, pero ¿qué es un archivo JPG? De eso venimos a hablar

hoy y de, cómo no, el papel fundamental de las matemáticas en la creación de ellos.

El nombre JPG proviene de JPEG, siglas de Joint Photographic Experts Group, que en los años noventa del pasado siglo fijaron una serie de normas (o pasos) para comprimir una imagen, esto es: tratar de almacenar la información más significativa de una imagen usando un almacenamiento relativamente reducido. Esto ha permitido enviar imágenes (que pesan poco) por internet y almacenarlas sin necesidad de gastar todos nuestros ahorros en discos duros. Como no podía ser de otra forma y ya hemos avisado, para obtener un archivo JPG se usan muchas matemáticas. Vamos a tratar de comentar aquí de forma general cuáles son esas herramientas: matrices, cosenos, divisiones y redondeos, que nadie se asuste

Lo primero que tenemos que entender es cómo captura la imagen nuestra cámara fotográfica. La parte fundamental es el sensor: los hay de distintos tipos, pero básicamente son una cuadrícula de pequeños sensores (llamados fotositos) que captan la intensidad de luz que incide en ellos. Ojo, el sensor de nuestra cámara no capta el color, solo la intensidad de luz, lo que ocurre es que a algunos fotositos les ponemos un filtro verde, a otros un filtro rojo y a otros un filtro azul. Por lo tanto, a cada fotosito solo le llega la luz de uno de los tres colores básicos. Estos fotositos están agrupados siguiendo un esquema específico para cada cámara; la mayoría de las cámaras usan la disposición del patrón de Bayer, que es muy simple:

Podemos ver que hay el doble de fotositos verdes que de los otros colores. Esto es debido a que la sensibilidad del ojo humano capta mejor las variaciones de luminosidad para el verde (al parecer, por una cuestión evolutiva). Así, cada pixel de nuestro selfi estará definido por 4 fotositos de este patrón.

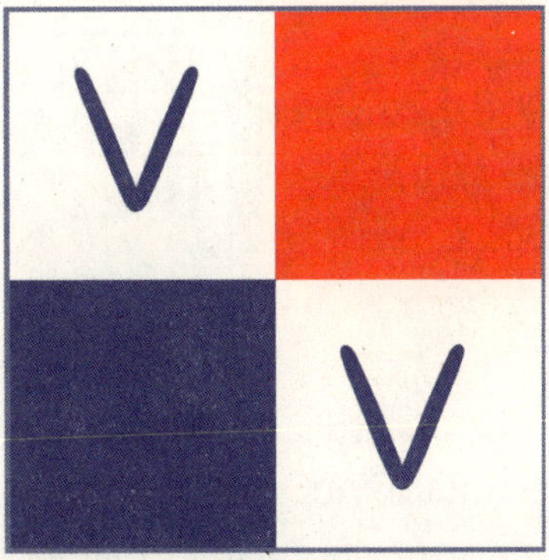

Pues bien, cada fotosito da un valor de la intensidad de su color expresado como un número entre 0 (el fotosito no ha captado nada de ese color) y 255 (estamos captando el máximo de luz de ese color). Por lo tanto, podemos considerar una imagen como tres tablas (una para cada color) que solemos llamar «matrices», donde cada entrada de la tabla o matriz es un número entre 0 y 255.

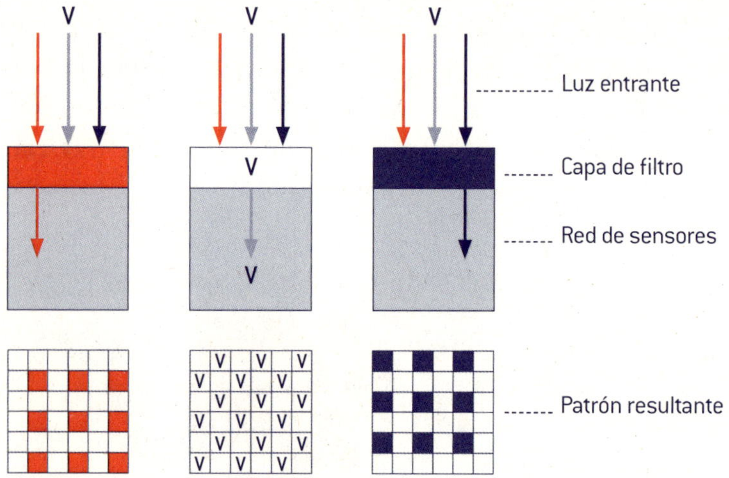

Si almacenamos esas tres matrices tendremos la imagen tal y como la ha captado nuestra cámara, pero eso nos daría lugar a ficheros enormes por cada imagen y no ganaríamos para memoria. Los ficheros RAW, que usan casi todos los profesionales y aficionados avanzados, sí que guardan (de forma más o menos eficiente) todos los números de esas tres matrices.

Mucho estoy hablando ya de matrices, ¿no? Por si alguien no lo recuerda o no lo sabe, una matriz es simplemente una tabla con números. Un cachito de una matriz obtenida de una fotografía es algo así como esto:

5	176	193	168	168	170	167	165
6	176	158	172	162	177	168	151
5	167	172	232	158	61	145	214
33	179	169	174	5	5	135	178
8	104	180	178	172	197	188	169
63	5	102	101	160	142	133	139
51	47	63	5	180	191	165	5
49	53	43	5	184	170	168	74

Sí, es verdad, es más bonita que muchas de las fotos que nos mandan por WhatsApp. Sigo, que me derivo.

La clave de JPEG está en almacenar (casi) toda la información de esa matriz, pero ocupando muchísimo menos espacio. Para ello es importante saber que si una matriz tiene muchos ceros, es menos costoso almacenarla. Y si además esos ceros están todos juntitos, mejor que mejor. ¿Por qué? Pues porque si tenemos que escribir 16 ceros seguidos podremos acortarlo con 16(0): es la misma información pero en 5 caracteres en lugar de 16 —si son usuarios de Twitter, también le verán la ventaja.

Bueno, ¿y cómo conseguimos que haya muchos ceros en nuestras matrices, que estén muy juntitos, que no se pierda calidad de la foto y que sea un proceso (casi) reversible? Ajá, con muchas matemáticas.

El primer paso consiste en pasar de las tres matrices iniciales (las del rojo, verde y azul) y quedarse con otras tres matrices que describirán la luminosidad, la proporción entre azul y rojo y la proporción entre verde y rojo. Esto se consigue con unas simples ecuaciones. Por ejemplo, el cambio de los tres colores a luminosidad viene dado por la ecuación:

$$Y = 0{,}257^* R + 0{,}504^* G + 0{,}098^* B + 16$$

(en la que R, G y B son los valores de un pixel dado en las matrices del rojo, del verde y del azul, respectivamente).

Las otras dos ecuaciones son:

$$Cb = U = -0{,}148^* R - 0{,}291^* G + 0{,}439^* B + 128$$
$$Cr = V = 0{,}439^* R - 0{,}368^* G - 0{,}071^* B + 128$$

Para el que sepa de operaciones entre matrices, todo esto se puede hacer con multiplicaciones y sumas de matrices, y se puede comprobar que es una operación reversible (y sencillita).

Sigo. Son estas tres nuevas matrices las que vamos a transformar con pasos fijos para conseguir que tengan muchos ceros y que estén todos seguidos.

Primero dividimos cada matriz en submatrices de 8×8 (estos son los 8 bits del JPG) como la que pusimos al principio del artículo. Después, a cada número le restamos 127 (los valores pueden variar para las distintas matrices de luminosidad o color) para que los valores estén centrados alrededor del 0. Con esto la matriz de nuestro ejemplo quedaría así:

−122	49	66	41	41	43	40	38
−121	49	31	45	35	50	41	24
−122	40	45	105	31	−66	18	87
−94	52	42	47	−122	−122	8	51
−119	−23	53	51	45	70	61	42
−64	−122	−25	−26	33	15	6	12
−76	−80	−64	−122	53	64	38	−122
−78	−74	−84	−122	57	43	41	−53

El siguiente paso puede parecer más complejo, pero se trata simplemente de aplicar una fórmula a los números de cada submatriz 8×8. Esa fórmula se llama «transformada discreta del coseno» y es muy similar a la transformada de Fourier que se utiliza en numerosos campos como el procesamiento de la imagen o del sonido.

El resultado de aplicar la transformada discreta del coseno a nuestra matriz es:

−27.500	−213.468	−149.608	−95.281	−103.750	−46.946	−58.717	27.226
168.229	51.611	−21.544	−230.520	−8.238	−24.495	−52.657	−96.621
−27.198	−31.236	−32.278	173.389	−51.141	−56.942	4.002	49.143
30.184	−43.070	−50.473	67.134	−14.115	11.139	71.010	18.039
19.500	8.460	33.589	−53.113	−36.750	2.918	−5.795	−18.387
−70.793	66.878	47.441	−32.614	−8.195	18.132	−22.994	6.631
12.078	−19.127	6.252	−55.157	85.586-	−0.603	8.028	11.212
71.152	−38.373	−75.924	29.294	16.451	−23.436	−4.213	15.624

Estos valores tienen la propiedad de que los más significativos están en la parte izquierda-arriba de la matriz.

Ya solo nos queda un paso (más la codificación). Es importante señalar que todo lo que hemos hecho hasta ahora es reversible y que, por lo tanto, no implica una compresión ni pérdida de calidad. El siguiente paso, sin embargo, sí conlleva una pérdida de calidad: dividimos cada elemento de la matriz resultante por un número (estos números serán mayores si pedimos mayor nivel de compresión y menores si exigimos más calidad). Por ejemplo, los valores usados para una compresión del 50 % son los siguientes:

16	11	10	16	24	40	51	61
12	12	14	19	26	58	60	55
14	13	16	24	40	57	69	56
14	17	22	29	51	87	80	62
18	22	37	56	68	109	103	77
24	35	55	64	81	104	113	92
49	64	78	87	103	121	120	101
72	92	95	98	112	100	103	99

Así dividimos –27.500 entre 16 y lo aproximamos al entero más cercano (–2), dividimos –213.468 entre 11 para obtener –19, y así sucesivamente hasta obtener los siguientes valores:

−2	−19	−15	−6	−4	−1	−1	0
14	4	−2	−13	0	0	−1	−2
−2	−2	−2	7	−1	−1	0	1
2	−3	−2	2	0	0	1	0
1	0	1	−1	−1	0	0	0
−3	2	1	−1	0	0	0	0
0	0	0	−1	1	0	0	0
1	0	−1	0	0	0	0	0

Como hemos dividido por números relativamente grandes (sobre todo en la parte abajo-derecha), muchos de los valores son 0, que es justamente lo que queríamos. Y esta es la matriz que almacenamos (recorriéndola en zigzag). Naturalmente, a partir de esta última matriz podemos recuperar todos los pasos anteriores, aunque, como hemos hecho un redondeo al dividir, no obtendremos exactamente la imagen original sino una que se le parece muchísimo.

Alucinante, ¿verdad? Pueden llorar de emoción. Yo lo hice cuando me lo contaron. Existen otros métodos para comprimir imágenes, pero este es el más utilizado, aunque no sea el más eficiente. Por ejemplo, el grupo de JPEG ya ha sacado un nuevo método, llamado JPEG-2000, que utiliza otras herramientas más sofisticadas que la transformada discreta del coseno.

Ea, pueden seguir con sus fotos de vacaciones.

RESOLVER SUDOKUS CON LÁPICES DE COLORES

Usando unos grafos y coloreando sus vértices proponemos una estrategia para resolver sudokus y para crear otros nuevos. ¿Se atreven?

Que los grafos sirven para casi todo, ya lo hemos dicho muchas veces: desde desenmascarar fenómenos extraños en tu muro de Facebook hasta diseñar métodos de catas de alimentos, organizar las mesas de un banquete de bodas sin conflictos o destronar a la *khaleesi* de *Juego de tronos*. Lo dicho, sirven para (casi) todo. Sin embargo, una de las aplicaciones más llamativas tiene que ver con un grafo y una caja de colores. En verano, cuando algunos están de vacaciones, a menudo ocurre que, salvo en uno de esos viajes agotadores en los que pretendemos ver cuatro países completos en quince días (hay una película de finales de los setenta al respecto, *Si hoy es martes, esto es Bélgica*), no sabemos cómo llenar nuestro tiempo. Hay horas (o situaciones

familiares) en las que recurrimos al primer pasatiempo que tenemos a mano. Y seguro que alguno de esos pasatiempos es un sudoku (y si no, os animo a ello, que son francamente divertidos). Pues bien, hoy vamos a aprender a resolver (y diseñar) sudokus usando grafos y lápices de colores. Quizás ahora alguien se pregunte si existen métodos automáticos para solucionar sudokus, si hay algún programa de ordenador que los resuelva en un pispás. Y la verdad es que sí, existen varios programas que los resuelven, pero el que les proponemos hoy no solo permite resolverlos, sino también diseñarlos.

La idea es pensar en un sudoku como un grafo (los mismos que usábamos, por ejemplo, para hablar de la paradoja de la amistad, de la ilusión de la mayoría o, incluso, de *Juego de tronos*. Un grafo se puede entender como un conjunto de puntos que llamamos vértices y unas líneas que unen a algunos de dichos puntos, de dos en dos, a las que llamamos aristas. Pueden pensar por ejemplo en Facebook: cada usuario sería un vértice y dos usuarios que sean amigos en esa red social estarían unidos por una arista. Vamos a ver ahora cómo construir un grafo a partir de un sudoku y cómo resolver este coloreando sus vértices.

Para mostrar todo voy a trabajar con un sudoku infantil, de esos 4×4. Todo lo que diga es válido para uno normal 9×9, pero se hace más laborioso construirlo todo y podemos perdernos en la maraña de vértices y aristas.

Supongamos, así, que tenemos este sencillísimo sudoku:

	1	3	
2			
			3
	2	1	

Queremos asociarle un grafo. La idea es simple: primero construimos lo que llamaremos el sudoku base, un sudoku vacío al que le añadiremos después las restricciones. Así, nuestro grafo tendrá 16 vértices que numeramos del 0 al 15 (uno por cada cuadradito):

Ahora vamos a unir, mediante aristas, el vértice correspondiente al cuadradito 0 con todos los vértices que se corresponden con casillas que no pueden tener el mismo número que él: las que están en su fila (la fila de arriba), las que están en su misma columna (la columna de la izquierda) y las que están en su cuadradito de cuatro casillas (el superior izquierdo)

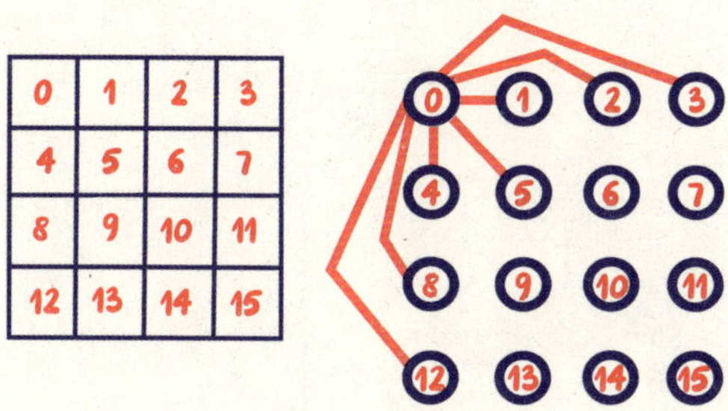

Repetimos el mismo proceso con todos los vértices para obtener este grafo, que es el que llamamos grafo base del sudoku:

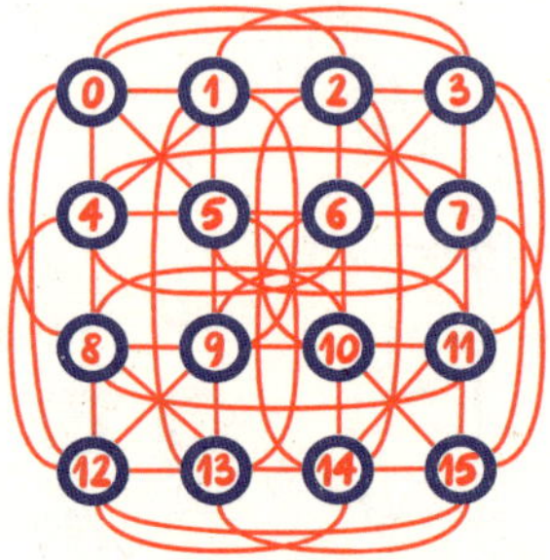

Aunque parezca complicado, este grafo es bastante sencillo para un ordenador. Lo sería, incluso, el resultante de un sudoku 9×9.

Ahora vamos a usar colores. La idea es asignar colores a los vértices del grafo, de tal forma que si dos vértices comparten una arista no puedan tener el mismo color. Uno puede colorear un grafo que representa, por ejemplo, relaciones de incompatibilidad a la hora de compartir mesa en un banquete de bodas:

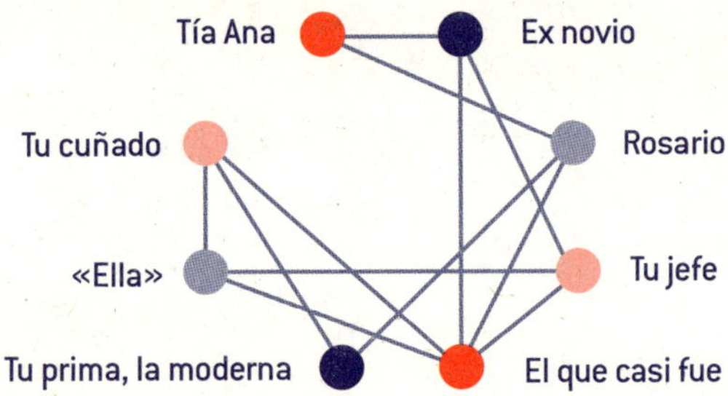

La idea es que podemos pintar el grafo base del sudoku usando cuatro colores e identificar cada color con un número, obteniendo así un sudoku. Lo curioso es que por cada coloración distinta podemos obtener un sudoku diferente, y os puedo asegurar que hay un montón.

Si queremos resolver el sudoku de nuestro ejemplo, tendremos que añadir nuevas aristas al grafo base. Nos fijamos en que si queremos que dos casillas tengan distinto número, es necesario que sus vértices correspondientes tengan distinto color. Eso es muy simple: basta con unir esos dos vértices por una arista y así nos aseguramos de que nunca les vamos a asignar el mismo color.

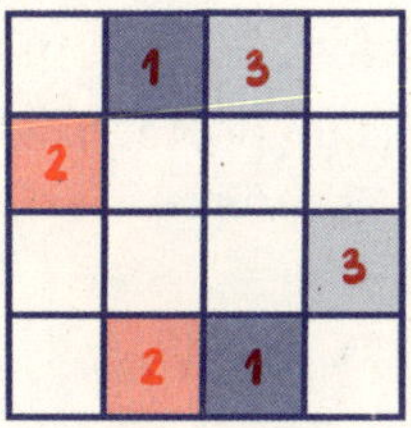

Sudoku a resolver

Aristas del grafo base

En nuestro ejemplo, el vértice 1 del grafo base deberá unirse con el vértice 11 para que se le asignen colores distintos, porque con el 2, el 4 y el 13 ya lo está en el grafo base. De forma análoga, tendremos que unir el vértice 2 del grafo base con el 4 y con el 13 para asegurarnos de que tendrán colores distintos (las aristas del 2 al 1 y al 14 ya están en el grafo base del sudoku). Y así sucesivamente.

El siguiente y último paso es forzar a las casillas que tengan el mismo número a que al colorear los vértices correspondientes se les asigne el mismo color. Para ello, vamos a fijarnos en nuestro ejemplo: queremos que el vértice 1 y el 14 del grafo base tengan el mismo número (1) o el mismo color (azul oscuro). ¿Cómo lo conseguimos? Les dejo que lo piensen un poco.

Ya.

Efectivamente, si añado aristas desde el vértice 1 a los tres que comparten fila con el vértice 14, ya lo tenemos: ninguno de esos tres vértices podrán colorearse como el 1, en azul oscuro, y la única opción que nos quedará para el 14 será esa, el azul oscuro, como el 1.

Es decir, que añadimos aristas que unan al vértice 1 con los vértices 12 y 15, porque la arista del 1 al 13 está en el grafo base. Si el 12, el 13 y el 15 están unidos con el 1, ninguno de ellos tendrá el azul oscuro, que será asignado, tachán, al 14. Sí, es chulísimo, lo sé.

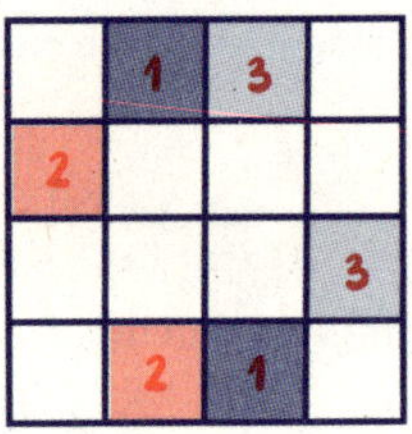

Sudoku a resolver

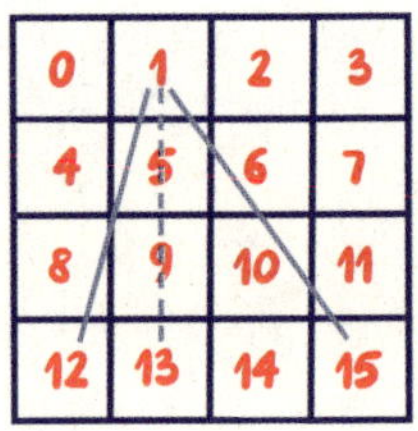

Aristas del grafo base

Tendríamos que imponer ahora que los vértices 4 y 13 sean del mismo color repitiendo esta estrategia. Y por último, que sean también del mismo color los vértices 2 y 11.

Cuando hayan añadido esas seis nuevas aristas al grafo base, solo tendrán que colorear los vértices del grafo que les ha quedado siguiendo las reglas: no usar más de cuatro colores y que los vértices del mismo color no pueden estar unidos con una arista.

Sí, lo sé. Están pensando que el sudoku del ejemplo se resuelve más rápido directamente y puede que sea verdad. Pero este método es fácil de implementar en un ordenador y así poder diseñar y resolver en segundos sudokus de mayor tamaño. Y, bueno, este también es más original para presumir de él en el chiringuito, ¿no?

UTILIZA MENOS PAPEL PARA ENVOLVER EL REGALO DE SAN VALENTÍN

Cuando se acerca el Día de los Enamorados, algunos están pensando en hacer un regalo a la persona que aman, y hay que envolverlo, porque un regalo sin envolver no es un regalo. Pero en la tarea de envolver hay retos matemáticos sorprendentes.

Alrededor de San Valentín es habitual encontrar en muchos medios artículos tratando de relacionar el amor con cualquier cosa o cualquier cosa con el amor (se ve que sigue siendo cierto aquello de que es el amor lo que mueve el mundo) y yo no quiero quedarme fuera para cuando toque. Ea, así soy yo.

Aunque hay quien dice haber encontrado una fórmula para predecir la duración de un idilio, no estoy muy segura, francamente, de que esto sea muy riguroso desde el punto de vista matemático. Así que, en lugar de usar números o ecuaciones para tratar de cuantificar lo que amamos o nos aman, les voy a proponer un reto geométrico que tiene que ver no con el amor, sino con el tamaño del regalo. Pero aunque la

ilustración de este capítulo muestra un regalo en forma de corazón, vamos a quedarnos en un caso más simple: envolver cajas cúbicas de regalos. Esto es, el regalo que tenemos que envolver es un cubo: un hexaedro regular, un poliedro con seis caras cuadradas.

Supongamos que nuestro regalo es un cubo cuyo lado mide un metro (sí, es un regalito importante, nada de sortijas) y que lo vamos a envolver usando un rectángulo de papel decorado. Eso sí, no podemos cortar el papel en ningún momento. No tenemos tijeras y con las manos quedaría muy cutre. La pregunta es: ¿cuál es el área mínima de un rectángulo de papel que envuelve dicho cubo? Recuerden, sin dar ningún corte al papel.

Vamos a ir pensando un poco. Si el lado del cubo mide un metro de longitud, el área de las seis caras que tenemos que cubrir es de seis metros cuadrados. Por lo tanto, necesitamos al menos un rectángulo de seis metros cuadrados para envolverlo. Pero un rectángulo de área seis no lo envuelve sin cortarlo, nunca. Entre otras cosas porque para ello necesitaríamos que un desarrollo plano del cubo fuese, exactamente, ese rectángulo de seis metros cuadrados. Y eso es imposible. Necesitamos, entonces, un rectángulo de más de seis metros cuadrados de papel.

Por otra parte, un desarrollo de un cubo de un metro de longitud de lado cabe en un rectángulo de 12 metros cuadrados. Bueno, pues si el desarrollo del cubo cabe en un rectángulo, basta con volver a montar el cubo y arrastramos el rectángulo de papel con él.

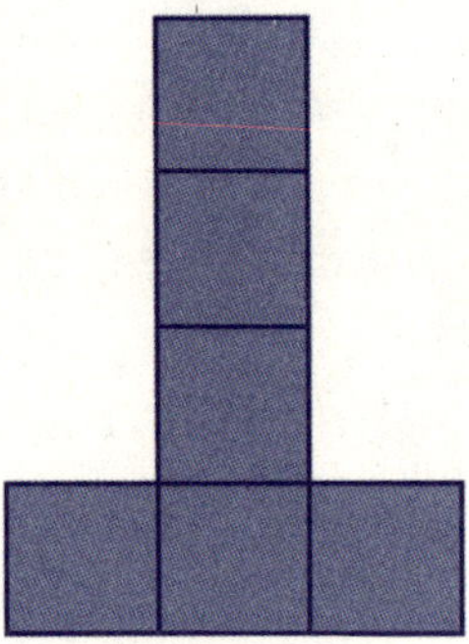

Ea, pues ya sabemos que esa área mínima buscada está entre 6 y 12. Algo es algo, ¿no?

¿Cuánto vale esa área mínima para envolver nuestro regalo cúbico? No existe. No, no me miren así que es verdad, no existe esa área mínima. Que sí, que es verdad. Que si me dan cualquier rectángulo de papel cuya área esté entre 6 y 12 metros cuadrados y que sirva para envolver el cubo, yo soy capaz de encontrar un rectángulo de menor área que envuelve el regalo. ¿Cómo? Se lo cuento.

Nos fijamos en el desarrollo del cubo de la imagen anterior. Como ya hemos dicho, es evidente que si somos capaces de cubrir completamente dicho desarrollo con nuestro rectángulo, volviendo a montar el cubo, arrastraría dicho cubrimiento y tendríamos envuelto el regalo.

Lo que vamos a usar es un rectángulo muy muy largo y muy fino, como una serpentina, y vamos a cubrir el desarrollo del cubo como se ve en las figuras siguientes:

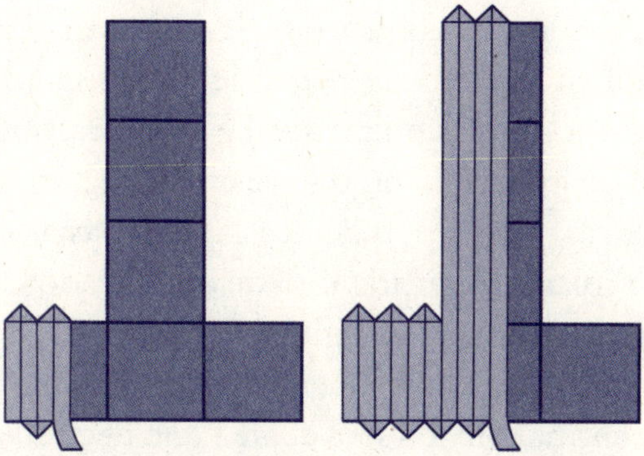

Primeros pasos para cubrir el desarrollo del cubo con una serpentina.

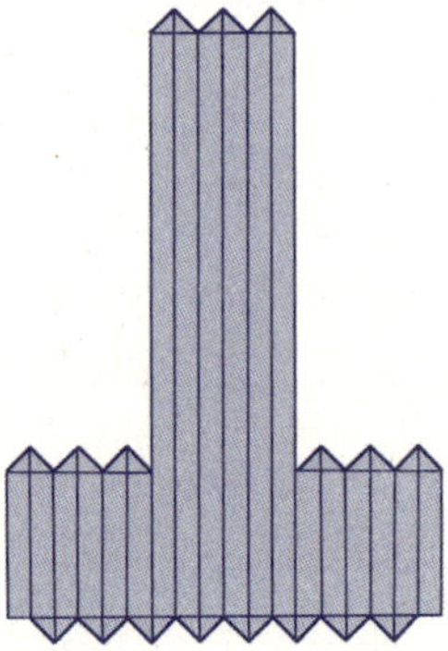

¿Cuál es el área de este rectángulo-serpentina? Depende del ancho de la serpentina, como alguno ha gritado desde el fondo de la clase, sí. Si llamamos W al ancho de ésta, no es difícil comprobar que el área que hemos usado en este cubrimiento del cubo es $6 + (6 \times W)$.

El primer sumando, 6, es el área de las caras del cubo cubiertas. ¿De dónde sale este $6 \times W$? Del área que sobresale del desarrollo del cubo, que es donde hemos girado nuestra serpentina para seguir cubriendo el regalo. Sobresale en 6 lados de 1 metro de longitud, como se ve en la figura, y como esos triangulitos que vemos son dobles, la serpentina está doblada sobre sí misma. En cada uno de esos 6 lados, sobresale un rectángulo de área 1 (longitud del lado) $\times W$ (ancho de la serpentina). Esto quiere decir que, cuanto más estrecha sea la serpentina, menor será el área que necesitamos para envolver el cubo. Como no podemos escoger una serpentina de anchura 0, por muy pequeña que sea el área del rectángulo de papel que escojamos para envolver el regalo, siempre es posible escoger un papel más pequeño; porque por muy, muy pequeño que escojamos un número positivo, siempre es posible encontrar un número positivo más pequeño. Maravilloso, ¿no creen?

Déjenme que les cuente que este problema me lo contó mi amigo Jin Akiyama, uno de los divulgadores de matemáticas más famosos del mundo y una de las personas más famosas de Japón, y que siempre me enseña cosas fascinantes.

DONUTS Y MÁQUINAS DE COSER

Conozco a poca gente que se haga su propia ropa, y eso podría hacernos pensar que las máquinas de coser tienen los días contados, pero nada más lejos de la realidad. Podremos tener libros digitales, dinero virtual, comida en cápsulas... pero la ropa habrá que seguir fabricándola siempre.

Aunque pueda no parecerlo, hay muchas matemáticas en las máquinas de coser. Principalmente, topología (no se vayan todavía, ahora les explico). En pocas palabras —y sin que se enfaden mis amigos topólogos—, la topología es la rama de las matemáticas que se ocupa de las propiedades intrínsecas de los objetos. Es decir, para la topología un círculo es lo mismo que un cuadrado: un área encerrada por una curva. De hecho, un círculo de un centímetro de radio es lo mismo en topología que uno de un kilómetro de radio: no es más que un área encerrada por una curva.

Digamos que para los topólogos, los objetos geométricos son como de plastilina, y son el mismo objeto si se puede

deformar uno en otro, sin romper y pegar. Seguro que han oído el chiste de que los topólogos confunden el donut con la taza del café, ¿no? La gracia está en que se puede deformar un donut y convertirlo en una taza sin cortar y pegar en ningún momento.

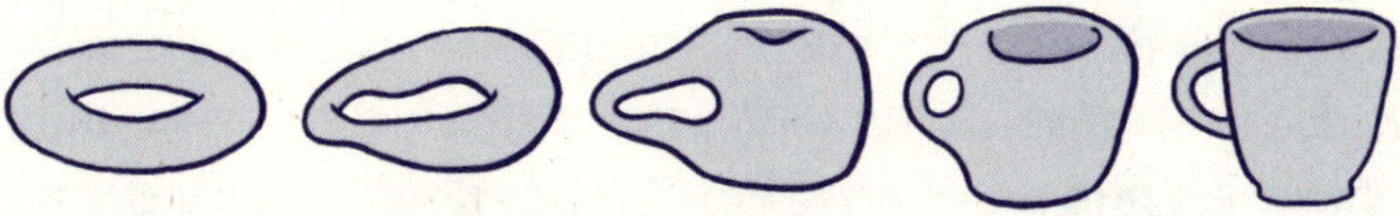

La topología, en definitiva, es mi rama favorita de las matemáticas porque no importan la forma ni el tamaño, sino que lo que importa es el interior, como en aquella historia de una bella y una bestia. Pero la topología también estudia cómo se anudan y entrelazan una o varias cuerdas, en lo que se llama teoría de nudos (si interviene una sola cuerda) o engarces (si son más).

Hay muchos juegos con base topológica basados en estas teorías. Por ejemplo, se sabe que dos anillos enlazados no se pueden desenlazar sin romper uno de ellos. Esta es la base de ciertos trucos de magia que nos llaman la atención o de un rompecabezas que se suele poner; ese en el que se escogen dos personas, se les ata una cuerda a las muñecas de cada una de ellas entrelazando las cuerdas y deben intentar desentrelazar las cuerdas.

La topología también se encarga de estudiar cómo pasar de una configuración a otra. Por ejemplo, hay un famoso juego con una cuerda, y la topología nos muestra que se puede pasar de una combinación a otra.

Pero ¿qué tiene todo esto que ver con las máquinas de coser? Pues mucho, porque las máquinas lo que intentan es dar un trenzado de los hilos con los que cose que impida que después se suelten. En algún sentido, la historia de las máquinas de coser ha tratado de siempre de resolver una imposibilidad topológica: que un hilo o varios que están sueltos resulten enlazados para que no sea posible que se suelte la costura.

La primeras máquinas de coser utilizaban un único hilo, que se iba entrelazando sobre sí mismo como muestra esta imagen:

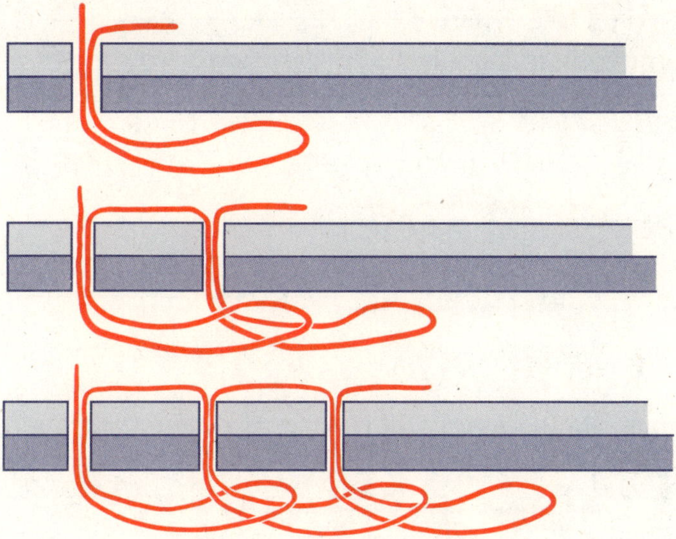

Naturalmente, esa costura no plantea ningún problema topológico, puesto que el hilo no está anudado. Esto es, se puede soltar toda la costura con solo tirar del extremo derecho en la figura para que se suelte todo. Esto es un alivio desde el punto de vista de la topología, pero un problema desde el punto de vista de la costura: no nos podemos fiar de un traje elaborado de esta forma ya que se podría deshacer. Pero sí es cierto que, al ser muy simples de diseñar, son muy fiables y se siguen utilizando en algunos usos industriales, como las bolsas de carbón para barbacoas.

El gran salto se produjo hace algo menos de 200 años (entre 1830 y 1850) cuando se inventaron las máquinas que utilizaban dos hilos. La idea es que se entrelacen los dos como muestra la imagen.

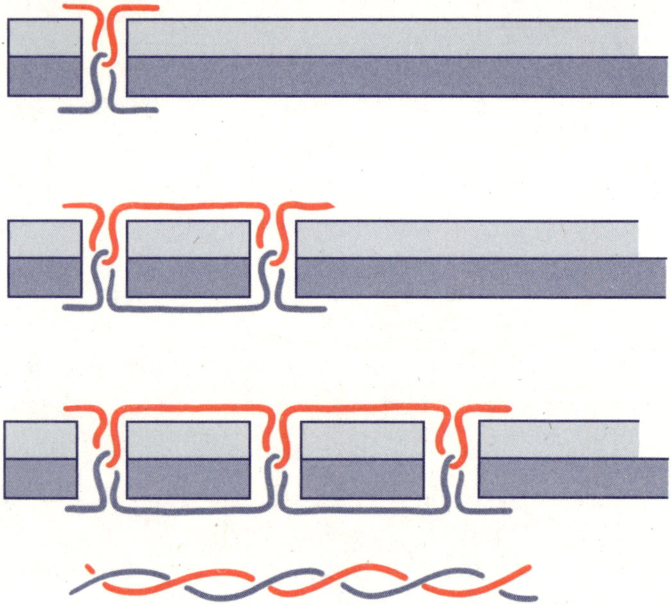

Aunque a primera vista pueda parecer que conseguir lo que se muestra en el diagrama de arriba es imposible, el truco consiste en que la bobina (que conduce el hilo de abajo) no está sujeta al resto de la máquina. En las primeras máquinas que utilizaban este tipo de cosido se utilizaba una espiral de Arquímedes, un mecanismo que transforma el movimiento circular en lineal.

Sin embargo, posteriormente empezó a utilizarse otro truco topológico que no hacía necesaria dicha transformación y que era mucho más fiable, que consiste en una rueda.

En cualquier caso, no crean que todo está inventado en este campo, ya que aún hoy en día se sigue investigando para conseguir nudos que impidan soltarse las costuras y así vemos patentes que diseñan métodos para mejorar estas costuras.

Nota: este artículo está inspirado en
<http://www.ams.org/samplings/feature-column/fc-2015-05>.

Y ESTOS VIRUS TAN MONOS... ¿POR QUÉ?

Que las matemáticas están presentes en todos los ámbitos de nuestra vida es una obviedad. O debería serlo. Lo que no es tan evidente es que también tienen mucho que decir sobre la forma geométrica de los virus y su ADN (o el ARN).

En varias ocasiones hemos hablado de cómo las matemáticas pueden ayudar (y lo hacen) al estudio de enfermedades, por ejemplo, para explicar la propagación de estas. En este capítulo vamos a hablar de virus y *mates* pero en otra vertiente: vamos a tratar de explicar por qué la mayoría de los virus tienen forma de icosaedro, según los resultados publicados en un trabajo, entre cuyos autores está el profesor David Reguera de la Universidad de Barcelona.

Cuando tratamos de conocer la actuación de un virus (con el fin de luchar contra él) es fundamental conocer su contenido biológico. Pero eso no es todo. Investigaciones recientes apuntan a que en la lucha contra ellos también es útil conocer su estructura. En ese sentido, como ya se ha hablado en otro capítulo, se está estudiando la forma en la que se anudan la cadena

de ADN de un virus (cuántos nudos y de qué tipos hace la cadena dentro de la cápside) y cómo esa información puede ser determinante para saber combatirlos de forma más eficaz.

Hoy nos vamos a fijar en otro aspecto de la estructura (de la forma) de los virus porque, como también comentamos aquí, a partir de su geometría, de su forma, se pueden extraer conclusiones muy llamativas sobre los objetos de la naturaleza. Por ejemplo, deducir el tipo de habitat en el que ponen los huevos las distintas especies de aves en función de su forma. Naturalmente, la geometría del huevo es relativamente simple si la comparamos con otras producidas por la naturaleza, pero existe una forma, bastante simple también, que ha intrigado a diversos grupos de investigadores: la forma de los virus que con una gran insistencia presentan una simetría muy particular.

Más concretamente, muchos virus presentan, al microscopio, una forma muy muy cercana a la esfera. Esto no es ningún misterio ya que así aprovechan mejor la superficie para acumular mayor materia en su interior. Pero, y este sí es el misterio al que me refiero, casi todas las cápsides (la estructura proteínica que recubre el virus) con forma esférica presentan una simetría muy particular: no son esferas perfectas, sino que se aproximan más, al menos en cuanto a sus simetrías, a un icosaedro.

Efectivamente, esa es la pregunta que surge inmediatamente: ¿Por qué un icosaedro?

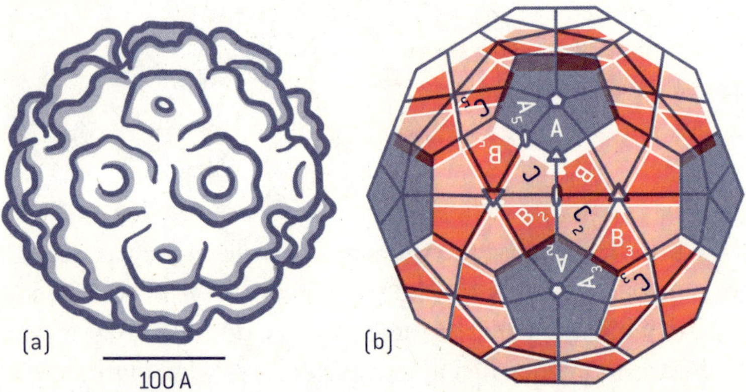

Cápside de un virus: (a) vista en un microscopio electrónico, (b) icosaedro.

Antes de seguir, conviene aclarar que un icosaedro es, ciertamente, una buena aproximación de una esfera, pero las hay mucho mejores. El icosaedro está formado por veinte triángulos (aunque puede aproximarse por otras figuras que presentan la misma simetría), pero cuantos más triángulos usemos, más nos estaremos aproximando a la esfera.

Tratando de resolver la pregunta de por qué un icosaedro, los científicos han propuesto diversos modelos que permiten predecir qué forma debería adoptar la cápside vírica. La idea básica de dichos modelos es tratar de encontrar las ecuaciones que van asociadas a cada proteína (que son las que forman la estructura de la cápside) y a las uniones entre ellas.

Para hacernos una idea con un ejemplo más de andar por casa: supongamos que tenemos una serie de objetos rígidos unidos por unos muelles algunos de los cuales están anclados, como el tambor de las lavadoras (que está soportado por unos muelles que le permiten un cierto movimiento cuando lava o centrifuga, ya que si estuviera rígidamente unido a la estructura de la lavadora, el movimiento del centrifugado con el tambor lleno provocaría serias averías en nuestro amado electrodoméstico). Las propiedades físicas de cada muelle determinan unas ecuaciones, y el equilibrio en nuestra lavadora se consigue con unas tensiones adecuadas y teniendo en cuenta la carga máxima (de ropa y agua) que admite. En el caso de los virus, las proteínas que los recubren serían los muelles y cada una de ellas presenta sus propias características. Una vez que tenemos las ecuaciones, puesto que, en general, no se pueden resolver de forma exacta, se realiza una simulación por ordenador que permite aproximar el comportamiento del sistema.

Pues bien, parece que se ha llegado a la conclusión de que, si existiera un único tipo de proteína en la cápside vírica, esta no adoptaría la forma del icosaedro, pero si interviene más de una (como suele ser el caso de la mayoría de los virus), con dicha figura geométrica se alcanza un equilibrio entre la forma ideal de la esfera y las capacidades de plegamientos de las proteínas que componen la cápside vírica, por lo que se consigue un equilibrio óptimo de estructuras. Alucinante, ¿verdad? Cuando descubro este tipo de estudios, me pregunto qué necesidad tenemos en estos días de creer en seres imaginarios con lo fascinante que es, por sí solo, nuestro universo.

APRENDE A ORDENAR MEJOR QUE TU MADRE

No sé ustedes, pero yo, igual que con el comienzo del año me hago un propósito nuevo —normalmente, incorporar (o eliminar) algún hábito saludable (o perjudicial)—, con la llegada de las vacaciones estivales, mi propósito es dedicar un par de días a ordenar algo: ropa, libros, juguetes, zapatos, cables y cargadores... Siempre con el mismo éxito, por cierto. Pero ordenar es tan difícil como ir todos los días al gimnasio o dejar el chocolate. O mucho más. ¿Existen métodos para ayudarnos sin pedir ayuda a tu madre?

Mucha gente tiende a pensar, dejándose llevar por estereotipos, que un matemático debe ser una persona sumamente ordenada. Y no, créanme, no tiene nada que ver. Sin embargo, sí que las matemáticas se han ocupado de problemas relacionados con ordenar objetos, motivados por muchos casos prácticos. Especialmente con la aparición de la informática y su necesidad de almacenar y ordenar de forma inteligente y eficiente datos con el fin de mejorar, en tiempo y espacio de disco, el rendimiento de esas aplicaciones que tanto nos han cambiado la vida.

En este sentido, un problema muy complicado, computacionalmente costoso, es el conocido como *bin packing* (empaquetamiento en cajas). El objetivo del *bin packing* es almacenar

una serie de objetos con distintas formas y tamaños usando el menor número de cajas posibles. Si han hecho alguna mudanza, saben de qué les hablo. Pero, en cualquier caso, creo que coincidirán conmigo en que el problema, de entrada, parece bastante complicado. Sin embargo, hay un problema relacionado con ordenar que parece mucho más simple de resolver y que, no obstante, si no se hace de forma inteligente, nos puede llevar muchísimo más tiempo del necesario: ordenar exámenes, por ejemplo, alfabéticamente. Sí, imaginen que tienen que ordenar 4.000 exámenes (no sé, de selectividad, por ejemplo) en orden alfabético. ¿Cómo lo harían?

Mucha gente te mira raro cuando les formulas la pregunta anterior, algunos hasta con cierta condescendencia, en plan «la pobre...». Porque piensan que no hay misterio: solo hay que ir cogiendo un examen cada vez y colocarlo en el sitio que le corresponde en el montón de los que ya están ordenados, mirando desde el principio cuáles van delante de él, alfabéticamente, hasta encontrar uno que va detrás.

Sí, está bien. Así se puede. Es lo que llamamos, cuando hablamos de algoritmos de ordenación, el método de inserción. Si, en lugar de con exámenes y por orden alfabético, lo hacemos con números, por simplificar el ejemplo, se trataría de ordenar de menor a mayor un conjunto de números y este método, el de inserción, funcionaría de la siguiente manera. Supongamos que tenemos que ordenar el siguiente conjunto de números, de menor a mayor:

$\{5, 3, 1, 6, 4, 2\}$.

Siguiendo el método de inserción, comenzaríamos con el 5 y lo comparamos con el siguiente, el 3, como es mayor, lo intercambiamos. A continuación, comparamos el 5 con el siguiente, el 1, como es mayor, lo intercambiamos. Comparamos el 1 con el anterior, el 3, y de nuevo intercambiamos. Ya hemos ordenado los 3 primeros, comparamos el 5 con el siguiente, 6, no hacemos nada. Vamos a por el 6, lo comparamos con el próximo, 4, intercambio. Nos quedaría $\{1, 3, 5, 4, 6, 2\}$ y necesitamos hacer otro intercambio para colocar al 4 en su sitio y llegar al $\{1, 3, 4, 5, 6, 2\}$. Seguidamente comparamos el 6 con el siguiente, el 2, y hacemos los intercambios necesarios para insertar al 2 en su posición. En la siguiente imagen se van señalando, paso a paso, todos los intercambios.

5 3 1 6 4 2
5 3 1 6 4 2
3 5 1 6 4 2
3 1 5 6 4 2
1 3 5 6 4 2
1 3 5 4 6 2
1 3 4 5 6 2
1 3 4 5 2 6
1 3 4 2 5 6
1 3 2 4 5 6
1 2 3 4 5 6

Muchos pasos, ¿no? Y eso que solo son seis exámenes... Pues sí, es un método bastante lento. En lenguaje algorítmico, decimos que tiene una complejidad de orden n^2; es decir, que si tenemos n datos (exámenes, números...) que ordenar, necesitamos realizar del orden de n^2 operaciones. O sea, que para 10 números serían del orden de 100; 10.000 para 100 números, y del orden de un millón de operaciones para ordenar 1.000 datos. Mucha tela...

Seguro que a alguien se le ha ocurrido lo siguiente: elegir el más pequeño y ponerlo el primero; de los que quedan, elegir el más pequeño y ponerlo el segundo; de los que quedan, elegir el más pequeño y ponerlo el tercero... Sí, también se puede hacer así. Y también serían necesarias del orden de n^2 operaciones, como en el de inserción.

¿Cómo lo haría tu madre? Bueno, lo primero que hay que saber es que lo mejor que se puede conseguir es un método que lo resuelva realizando del orden de $n \times \log(n)$ operaciones (donde $\log(n)$ es el logaritmo en base 2 de n). Esto está demostrado, no se puede hacer mejor que eso. Al menos con un ordenador como los que conocemos actualmente.

Pero este número de operaciones, $n \times \log(n)$, y por tanto, el tiempo necesario para realizarlas, es bastante menor que el de n^2. Por ejemplo, para 10 números, un algoritmo $n \times \log(n)$ realiza del orden de $10 \times \log(10) = 10 \times 3{,}321928$ operaciones, alrededor de 34 y no 100; para 100, $n \times \log(n)$ realiza del orden de $100 \times \log(100) = 100 \times 6{,}643856$ operaciones, unas 665 (en comparación con las 10.000 del n^2); y para 1.000 números, serían $1.000 \times \log(1000) = 1000 \times 9{,}965784$, o sea, del orden de 10.000, en comparación con el millón de operaciones del n^2.

Espero que esto nos convenza de usar un método de ordenación de orden $n \times \log(n)$ antes que un método n^2.

Uno de los métodos óptimos $n \times \log(n)$ para ordenar alfabéticamente exámenes, o listas de números de menor a mayor, se basa en aquello tan conocido de divide y vencerás. Se trata de separar los exámenes en distintas pilas de menor tamaño, ordenar cada pila y, por último, peinar las pilas (entremezclarlas convenientemente) y conseguir la ordenación total. Es lo que se conoce en algorítmica como el algoritmo de ordenación por mezcla *(merge sort)*.

Vamos a ver cómo ordenaría el mismo conjunto:

$\{5, 3, 1, 6, 4, 2\}$.

Lo primero es dividir en conjuntos lo más pequeños posible:

{5, 3} {1, 6} {4, 2}

Ordenamos cada uno de estos 3 conjuntos:

{3, 5} {1, 6} {2, 4}

Ahora peinamos los 2 primeros, comparando el primero de cada uno de ellos y eligiendo el menor:

{3, 5} {1, 6}

1 es menor que 3, se pone el primero;

{3, 5} {6} → {1}

Comparamos los primeros de cada lista para buscar el segundo, el 3;

{5}{6} → {1, 3}

el siguiente será el 5, y, por lo tanto, el último será el 6: {1, 3, 5, 6}.

Ahora peinamos {1, 3, 5, 6} y {2, 4}:

{1, 3, 5, 6} y {2, 4} → {1}

{3, 5, 6} y {2,4} → {1, 2}

{3, 5, 6} y {4} → {1, 2, 3}

{5, 6} y {4} → {1, 2, 3, 4}

Y como solo nos queda una lista, la {5,6}, la ponemos al final:

{1, 2, 3, 4, 5, 6}

Y ya. Tal vez con este ejemplo tan simple no se aprecie la diferencia, pero, créanme, cuando se trata de más de 30 exámenes, este método es mucho más eficiente que el de ir ordenando por inserción.

Este algoritmo, el de mezcla o *merge sort* se lo debemos, nada más y nada menos, que a John von Neumann, una de las mentes más brillantes del siglo XX que, aún rodeado de otras mentes brillantísimas, consiguió destacar por encima de ellas.

Hay otros métodos de ordenación que necesitan del orden de $n \times \log(n)$ operaciones, como este de Von Neumann, que se usan en algorítmica, igualmente eficientes. Pero a la hora de ordenar exámenes, este es mi favorito.

Pero, como hemos dicho, ninguno mejor que $n \times \log(n)$. Bueno, mejor que $n \times \log(n)$ solo lo puede hacer tu madre.

DIME SI USAS TWITTER Y TE DIRÉ SI TRABAJAS

Seguro que conocen casos de gente que ha sido despedida por algo que compartió en alguna red social o gente que encontró trabajo en Facebook. Pero, aparte de estos casos anecdóticos, ¿pueden las redes sociales aportar algo más en el panorama laboral de un país? Según el trabajo de unos investigadores españoles, es posible relacionar el nivel de desempleo de una zona con la actividad en Twitter de los lugareños.

Con la irrupción de las redes sociales en nuestras vidas, en las de casi todos, hemos tenido que adaptarnos a una nueva realidad: podemos ver desde las uñas de los pies de muchos extraños hasta lo que desayuna alguien en la otra punta del mundo. En un aspecto menos jocoso, también hemos sido testigos virtuales de usos desafortunados de las redes que han acabado con un despido online.

Tonterías y anécdotas aparte, algo que parece indudable a estas alturas es la enorme potencia de estas nuevas herramientas de comunicación para el estudio de comportamientos humanos. Y es esta circunstancia la que Esteban Moro y sus colegas han aprovechado para encontrar patrones de comportamiento en redes sociales en áreas geográficas concretas y para tratar de relacionarlos con aspectos socioeconómicos de esa zona.

Hoy en día, casi todo el mundo lleva un dispositivo en su bolsillo que permite su localización en todo instante de tiempo. Sí, esto recuerda mucho a lo del gran hermano (el de *1984*, de George Orwell), pero es así. También el que más y el que menos pertenece a una red social donde interactúa y deja información de manera casi permanente. Estos dos elementos, aparte de las anécdotas del principio de este capítulo, abren la puerta a toda una nueva rama del estudio del comportamiento humano donde se podrá tener información a tiempo casi real de movimientos migratorios, tendencias de moda o cualquier cosa que se nos ocurra.

La idea de nuestros amigos (Esteban Moro y otros) se basa en que el comportamiento humano rutinario está interrelacionado con el estatus socioeconómico de la región a la que se pertenece: desde el movimiento por la ciudad hasta las llamadas de teléfono, pasando por nuestro horario, determinarán muchos aspectos de interés sociológico tanto de nuestro vecindario como del propio país al que pertenezcamos. Esto se podía estudiar antes con diferentes métodos, como encuestas o censos, pero todos ellos presentaban el problema de no ser inmediatos, de no ser en tiempo real. Pero ahora disponemos de una herramienta sin precedentes en la historia, las redes sociales, donde estamos permanentemente interactuando y donde podemos codificar información, desde nuestros horarios hasta nuestra ubicación geográfica.

Este trabajo pretende ser un primer paso para ir de los datos individuales que dejamos en las redes sociales a la descripción del nivel económico y social de una determinada región de interés. Aunque se trata de un artículo[1] bastante técnico y, posiblemente, un poco complicado para alógenos en la materia, déjenme que les resalte algunas correlaciones curiosas.

Fijémonos, en primer lugar, en el número de usuarios de Twitter, por ejemplo. Este número nos da una medida indirecta del uso de tecnologías asociadas a las redes sociales como ordenadores personales, tabletas o teléfonos móviles de los llamados *smart*. Pues bien, aunque se pueden encontrar estudios que muestran un relación directa del uso de Twiiter con el producto interior bruto, lo que han obtenido Moro y sus colegas de los datos de trabajo que

---

1 - Alejandro Llorente, Manuel García-Herranz, Manuel Cebrián, Esteban Moro, «Social media fingerprints of unemployment», Arxiv.org, 19 de noviembre de 2014 <https://arxiv.org/pdf/1411.3140v2.pdf>.

han manejado es que cuanto mayor número de usuarios de Twitter hay en una zona, mayor es el nivel de desempleo. Este dato es sorprendente. O no. Ea, ya tienen aquí tema de conversación para la hora del café o del vermú. ¿Por qué creen que ocurre esto?

Si nos fijamos en la actividad a lo largo del día en redes sociales, encontramos una clara correlación entre el nivel de actividad económica de una región y la actividad en redes sociales en la misma. Cuando en la región el desempleo es bajo, hay un pico de actividad a primera hora de la mañana de 8.00 a 11.00 y un progresivo descenso. En regiones con alto índice de desempleo no se aprecia este pico a ninguna hora. Como se ve en la figura, los perfiles para regiones con bajo y alto desempleo son muy diferentes en cada caso.

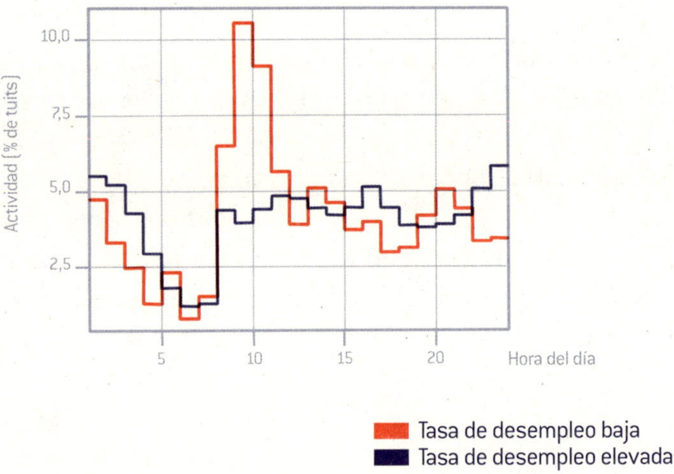

La gráfica roja corresponde a la actividad en Twitter en una región con poco desempleo y la azul a una región sacudida por el paro. Se observa un pico de actividad entre las 8 y las 10 de la mañana de la gráfica roja, asociado posiblemente a la hora de desplazamiento, entrada y desayuno de la población activa.

Otra correlación curiosa tiene que ver la interacción entre distintas regiones: los investigadores observan que una región con poca interacción con otras regiones suele tener una alta tasa de desempleo y viceversa, cuanto mayor es la relación de una región con otras, en número y frecuencia, menor es el desempleo. En el artículo, al número y variedad de relaciones de una región con otras lo han denominado «Entropía 1» como se ve en la figura siguiente, que es bastante representativa:

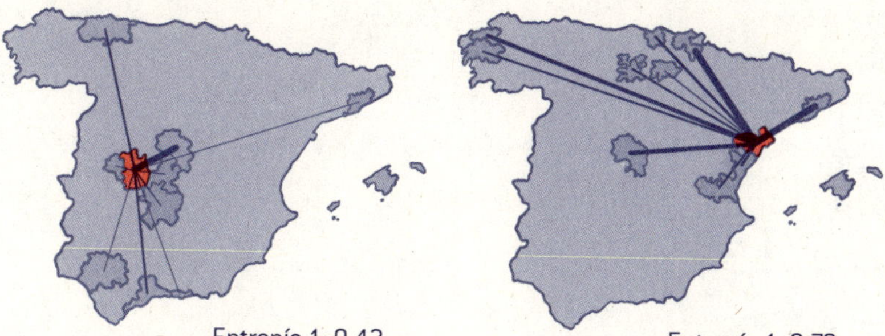

Entropía 1: 0,42
Desempleo: 20,3 %

Entropía 1: 0,72
Desempleo: 8,8 %

En la imagen de la izquierda vemos una población (en rojo) con alto índice de desempleo (más del 20 %) y poca relación con otras poblaciones (en azul), menos de 0,5. En la de la derecha tenemos una población con menos desempleo (8,8 %) y con una entropía (medida de interacción que toma valores entre 0 y 1) de más de 0,7.

Curioso, ¿no? Al menos, a mí me lo parece y he disfrutado mucho leyendo este artículo que nos muestra que el estudio de las redes sociales puede ser de gran utilidad para mejorar nuestro entendimiento de la sociología, la estadística aplicada a las ciencias humanas... En ese mismo trabajo se consideran, además, otros indicadores en las redes sociales que van desde sus patrones de actividad hasta la corrección ortográfica de los mensajes emitidos en ellas, que pueden ser usados para inferir el nivel de desempleo de una determinada región.

CÓMO HACER UN BUEN SELFI... AUNQUE LLEVES UNA CAMISA A RAYAS

En las tradicionales fotos de pies en la playa y de mojitos sobre un atardecer veraniego, o de bellos paisajes nevados, muchas veces no podemos evitar incluirnos. No podemos hacer nada contra esta nueva moda de los selfis, pero sí que podemos dar algunos consejos para mejorar las fotos en las que aparezcamos.

Supongamos, por ejemplo, que estamos en verano, muchos de vacaciones, y esa es la época en la que más fotos sacamos. Así que salimos a la calle y nos hacemos un selfi con esa bonita camisa que estamos estrenando. Cuando vamos a colgar las fotos nos encontramos con que no se distinguen bien las líneas de la camisa y aparecen una especie de dibujos extraños.

Miramos una y otra vez la imagen y nos preguntamos si será un defecto de la cámara, cosa que descartamos porque nos ha costado un auténtico dineral y no se habrá equivocado ese amigo que nos la ha recomendado y que tanto sabe de fotografía. ¿Será que la camisa se ve así? Vamos a lograr en este capítulo que no arrincones esa camisa que tanto te gustaba y tampoco, ni mucho menos, esa cámara tan buena que, seamos sinceros, no sabes manejar demasiado bien.

Esos dibujos extraños que ves en la imagen y que no están en tu camisa se llaman patrones de muaré o *efecto moiré* (muaré) y se dan por la misma razón que la tela de muaré (de la que toma su nombre) produce esas iridiscencias que tanto gustaban hace unos años y no son más que interferencias.

Efectivamente, las líneas de la camisa se pueden pensar como unas ondas, con las crestas siendo las líneas azules y el valle es el fondo blanco (es lo que se llama técnicamente una onda discreta). Pues bien, cuando esa onda se superpone con otra similar, se producen, como todos sabemos, interferencias. Esas interferencias son las que vemos en la fotografía y que tanto molestan a veces.

Si el lector ha estado atento hasta el momento se preguntará: «Para que se produzca interferencia, ¿es necesario que contemos con dos conjuntos de ondas; creo que uno de dichos conjuntos sean las rayas de la camisa, pero ¿y el otro conjunto de ondas? ¿Cuál es? ¿Dónde está?». La respuesta es que está en tu cámara. Vamos a tratar de explicar por qué eso es así.

Para entenderlo, vamos a explicar un poco cómo funciona una cámara fotográfica digital, ya que con las cámaras de carrete ese fenómeno no se presenta. Después de pasar por la lente, la luz de la imagen que queremos captar impacta en un sensor compuesto por millones de componentes sensibles a la luz. Cada uno de esos sensores es lo que se llama un pixel (no deja de ser curioso que cada elemento sensible a la luz solo capta la intensidad que de esta le llega, así que formalmente, el sensor de tu cámara solo capta escalas de grises, lo que ocurre es que se les pone delante de cada uno de ellos un filtro azul, verde o rojo y así solo dejar pasar la luz de esos colores para obtener la información necesaria para reconstruir los colores de las imágenes originales).

Naturalmente, esos píxeles están distribuidos en el sensor siguiendo una cuadrícula, y esa cuadrícula es la que forman las otras ondas que dan lugar al tan poco deseado efecto muaré. Así que un conjunto de onda proviene de tu camisa y el otro de tu cámara. ¿Qué podemos hacer para evitarlo?

Pues pensemos que esas interferencias se producen por tener longitudes de ondas similares (o múltiplos una de la otra). Lo que tenemos que hacer es intentar evitar esa similitud, y para ello disponemos de varios recursos. Lo ideal sería que nuestra cámara nos reproduzca la imagen que acabamos de sacar en tamaño 1:1 para analizar si se nos ha presentado dicho efecto. Si lo vemos presente, tenemos que intentar evitarlo, y las dos cosas más razonables que podemos hacer es: cambiar la distancia a la que aparece nuestro objeto con patrones fijos (bien con el *zoom* de la cámara o con el *zoom* de las piernas) y/o girar ligeramente la cámara para evitar las interferencias. Existen otros métodos más técnicos que tienen que ver con la apertura, pero hacen que no siempre recojamos la luz adecuada si no somos expertos, y si lo somos, puede que todo esto sobre.

Sonrían, posiblemente alguien les esté enfocando.

A SHAKESPEARE LE ENCANTABAN LOS PROBLEMAS DE LÓGICA

Si se acerca el Día del Libro, los medios se llenan de nombres de escritores famosos, Cervantes y Shakespeare, por ejemplo. Pero no todos los libros tratan de caballeros andantes ni de amores imposibles: también hay grandes libros de ciencia. En este capítulo nos vamos a decantar por una mezcla de todo esto: vamos a hablar de Shakespeare y de lógica matemática.

Todos los años celebramos el 23 de abril el Día del Libro por la suma de varias casualidades y —esto es menos sabido— por una cuestión matemática. Los dos mayores exponentes de la literatura de dos de las lenguas más habladas del mundo murieron el 23 de abril de 1616. A saber, nuestro Cervantes y Shakespeare... aunque los dos murieron con diez días de diferencia. Parece que en Inglaterra no se había aplicado aún la reforma del calendario gregoriano, mientras que España fue uno de los primeros países en adoptarlo (por una vez fuimos unos adelantados).

Por cierto, y por seguir con las ciencias, el informe final de esta reforma fue redactado para el papa Gregorio XIII por un matemático español, el toledano Pedro Chacón.

O sea, que fue un matemático el que propició esta coincidencia. Para que vean. Y mira, ya que han sacado ustedes el tema de las matemáticas, vamos a proponer un problema relacionado con el Bardo de Avon.

Una de las obras más conocidas de Shakespeare, *El mercader de Venecia*, contiene un interesante pasaje de naturaleza científica. Tiene lugar cuando a Bassanio se le ofrecen varios cofres entre los que tiene que adivinar cuál cobija el retrato de su amada Porcia para poder casarse con ella. En la obra, la pista fundamental es el material de cada uno de los cofres (oro, plata y plomo, y no queremos divulgar cuál era la elección adecuada), pero sería más apropiado para probar la inteligencia de Bassanio que se dieran otro tipo de pistas. Así, supongamos que tenemos dos cofres, uno de oro y el otro de plata, y que a cada uno de ellos el padre de Porcia —que fue el que ideó el sistemita ese de los cofres para casar a su hija— pone las siguientes inscripciones:

«En el cofre de oro: el retrato no está aquí.»

«En el cofre de plata: exactamente una de estas inscripciones es verdadera.»

Y le dice a Bassanio que cada una de las inscripciones puede ser verdadera o falsa. Con esas pistas ya tiene todo lo necesario para encontrar el retrato de su hija. Puede parecer imposible tratar de resolver este acertijo porque no sabemos si las dos leyendas son verdaderas o una de ellas (o las dos inscripciones) es falsa. Pero para conseguir la mano de Porcia había que ser inteligente. ¿Cómo podemos resolver este acertijo?

Concentrémonos en el cofre de plata. Su inscripción dice «exactamente una de las inscripciones es verdadera», y eso puede ser verdadero o falso. Veamos que ocurre en cada caso con el cofre de oro. Si la inscripción del cofre de plata es verdadera, entonces esta es la única que lo es y, por lo tanto, la del cofre de oro es falsa y contiene el retrato de Porcia. La otra posibilidad es que la del cofre de plata sea falsa. Esto querría decir que, o bien las dos son verdaderas, o bien las dos son falsas. Sin embargo, sabemos que las dos no pueden ser verdaderas —ya que acabamos de decir que la del cofre de plata es falsa—, luego las dos son falsas... y es el cofre de oro el que contiene el retrato de Porcia. Así que, sea cual sea la inscripción del cofre de plata, la del cofre de oro es siempre falsa. Si Bassanio pensara un poco, deduciría que el retrato sí estaba allí y ni el padre de Porcia ni el malvado Shylock podrían separarlos.

Este bonito acertijo está extraído del blog mathsformortals[1] (aunque, honestamente, creo que su deducción para llegar a la solución es un pelín más enrevesada).

En ese mismo blog se propone otro problema de naturaleza similar que voy a dejar para que traten de resolverlo.

Pongamos que ahora tenemos los tres cofres originales de la obra con las siguientes inscripciones:

«Cofre de oro: el retrato está aquí.»

«Cofre de plata: el retrato está aquí.»

«Cofre de plomo: al menos dos de los cofres tienen inscripciones falsas.»

¿Dónde está el retrato de Porcia? Pueden intentar encontrar sus respuestas y demostrar que serían unos pretendientes perfectos para Porcia o, simplemente, que se les da bien la lógica matemática. Y que les gustan los libros.

1 - «A problem courtesy of Shakespeare», en <https://mathsformortals.wordpress.com/2007/11/29/a-problem-courtesy-of-shakespeare/>.

ASCENDENTES, DESCENDENTES, ETC.: UNA TIPOLOGÍA DE LAS SUBASTAS

¿Han estado alguna vez en una subasta? Si no, seguro que han visto algún programa en la televisión con pujas emocionantes. Pero ¿cuántos tipos de subastas conocen? ¿Se pueden diseñar subastas que beneficien notablemente al subastador? Pasen y hagan su oferta.

Algunos de los nuevos canales de televisión nos enseñan lo *fascinantes* que pueden ser diversos mundos, como los talleres mecánicos, las casas de empeño o las subastas. Y puede parecer que las matemáticas no juegan ningún papel en ninguno de esos lugares, pero, a poco que lo pensemos, podemos ver que, por ejemplo, una subasta es un caso particular de un juego, y ya sabemos que hay una rama de las matemáticas que se dedica a ello. En realidad, hay muchos más tipos de subastas de los que se nos pueden ocurrir a bote pronto y vamos a tratar de mostrar cómo el diseño adecuado de una subasta puede permitir al subastador, gracias a la teoría de juegos, ganar mucho más dinero, hecho que —dicho sea de paso— ha llevado

a diversos gobiernos a utilizar este tipo de subastas para obtener mayores beneficios.

Cuando a uno se le pregunta qué tipos de subastas conoce, todo lo más que suele responder es dos: la *subasta ascendente* (esa que vemos en los programas de subastas en televisión o las que asociamos a obras de arte) y la *subasta descendente* o a la baja, que es la que se usa en muchas lonjas de pescados. Si apuramos un poco más, todos conocemos también otro tipo que nos acerca más a lo que queremos comentar: las subastas en sobre cerrado. En ellas, los postores presentan sus ofertas en una sola ocasión y no son visibles (esa es la teoría) para el resto de los postores. Estas suelen ser las más utilizadas para otorgar una obra pública, por ejemplo (en ese caso se escoge la oferta más barata que se comprometa a ajustarse a cierto pliego de condiciones). Tienen la ventaja de que, salvo que se haga trampa, no es fácil caer en una venta muy alejada del precio real.

Con los tres métodos anteriores (y sus variantes no muy significativas que podían marcar el tiempo de puja) parecía que todo estaba inventado en el mundo de las subastas, hasta que, en 1961, un profesor de la Universidad de Columbia, el matemático y economista William Vickrey, propuso una variante de las subastas de sobre cerrado que, aunque ya se había utilizado algunas veces desde finales del siglo XIX, no estaba suficientemente analizada ni popularizada. En la *subasta de Vickrey,* cada postor presenta su oferta también en sobre cerrado y se da como ganador al que haga la mejor oferta, pero ha de pagar lo que diga la segunda mejor oferta. Curiosamente, se ha demostrado que esta estrategia obliga de alguna forma a los postores a ofertar el precio que cada uno crea más justo.

En una subasta normal de sobre cerrado, el peligro para cada postor es la de pasarse en su oferta: se llevaría el objeto de la subasta, pero a cambio de pagar un precio excesivo. Así, con el método de Vickrey, como el precio que se ha de pagar no queda determinado por la apuesta de cada uno, se está menos tentado de no pasarse, y así cada cual ajustará lo más posible el precio que cree que puede ganar. Diversos resultados y modelos justifican las afirmaciones anteriores. Pero, en alguna medida, lo importante del modelo de Vickrey es que abrió un nuevo campo en el diseño de métodos de subastas y su análisis. Así, para ciertos productos específicos se usan algunas variantes que han probado ser muy eficaces.

Por ejemplo, un tipo de subasta que ha sido muy analizado es el que se emplea en el Reino Unido para la subastas de licencia de telefonía, que es una variante del usado en Estados Unidos para la asignación de frecuencias de radio: las *subastas de ascenso simultáneo*. Este método fue propuesto en primer lugar por Paul Milgrom, de la Universidad de Stanford, y según diversos estudios ha proporcionado a los gobiernos que lo emplean medio billón de dólares de beneficio extra. ¿En qué consiste dicho tipo de subasta?

Esta es una variante de la subasta ascendente y se usa cuando se tienen varios productos, normalmente similares, en la oferta. La idea es que todos los postores pueden ofertar sobre cualquiera de los productos subastados (a la vez) y que la subasta no se cierra hasta que nadie oferta nada más por ninguno de los productos. ¿Qué se consigue con esto? Pues como nadie quiere irse de vacío, cuando ve que no va a conseguir uno de los productos, puede ofertar por otro cuyo precio sea más asequible, y así consigue un mayor beneficio global el subastador.

Naturalmente, en este caso es necesario que todos los postores conozcan las ofertas de los demás. Por ejemplo, en el Reino Unido, para las licencias de móviles se dispone de una página web sumamente transparente en la que se puede ver cada una de las ofertas en tiempo real y que determina de forma automática todo el proceso, con lo que se consigue mayor beneficio y transparencia.

Hay más tipos de subastas, pero estos son los principales. Ya ven lo que da de sí el método elegido para hacer una subasta según el objetivo que se quiera conseguir, que —normal y lógicamente— es el máximo beneficio para el que las organiza.

No sé, igual estaría bien que los partidos políticos presentaran sus programas en sobre cerrado y que se los obligara a cumplir alguno de los presentados. Sería mejor que ahora, que no cumplen ni el suyo, ¿no?

¿CUÁNTOS CARAMELOS HAY EN ESTE FRASCO?

No sé si alguna vez han apostado a adivinar cuántos caramelos o canicas hay en un frasco de cristal, pero seguro que conocen algún experimento de inteligencia colectiva como el del comodín del público. Les damos unas pistas para apostar sobre seguro sin depender de los demás, solo usando las matemáticas y la propia inteligencia.

En 1906 tuvo lugar una feria del ganado en Plymouth (Inglaterra) que ejerció un impacto enorme sobre tres disciplinas como son la estadística, la psicología y la economía y que dio lugar a lo que se ha conocido como la inteligencia colectiva o la sabiduría de las masas. Esta es una de las bases de los métodos colaborativos que han dado lugar a la Wikipedia, por ejemplo. Durante esa feria se celebró un concurso que consistió en tratar de adivinar el peso de un buey. El estadístico sir Francis Galton consiguió los datos de los 800 participantes en el concurso y comprobó que la mediana (el valor que deja al 50 % de los valores por debajo y al otro 50 % por encima) difería del resultado correcto en menos de un 1 %, según se puede ver en su publicación en la revista *Nature*,[1] y que era más precisa que lo dicho por la gran mayoría de los concursantes.

Un pequeño paréntesis para señalar uno de los problemas de los métodos colaborativos: a todos se nos ocurren ejemplos de errores que se propagan por internet y que pasan a ser verdades. En la misma anécdota del buey de Galton hay muchos ejemplos de esto: en algunos blogs se repite el error de que la feria fue en París, y en casi todos los blogs se señala que Galton estudió la media (así como que asistió a la feria, cosa que no se deduce de la lectura del artículo), cuando esto no es del todo cierto: fue en las posteriores cartas al editor en las que él mismo señaló que alguien le había sugerido la media como estimación del peso del buey (que ese alguien,

---

1 - Francis Galton, «The Wisdom of Crowds», Nature, 1907, n.º 1.949, vol. 75, pp. 450-451. Disponible en <http://wisdomofcrowds.blogspot.fr/2009/12/vox-populi-sir-francis-galton.html>.

Mr. Hookes, había calculado con mucha precisión mediante unos cuantos valores publicados por Galton, utilizando así un resultado matemático que dice que la media de una muestra se debe parecer a la media del total).

Existen diversos ejemplos del uso de la inteligencia colectiva, tanto a favor como en contra: el comodín del público en el concurso *¿Quién quiere ser millonario?* es un ejemplo generalmente positivo (aunque podemos encontrar también muchas pifias espectaculares de ese comodín). Por otro lado, la partida que jugó y ganó Garri Kaspárov contra unos 50.000 ajedrecistas de todo el mundo es un caso negativo.

Pero me quiero centrar en otro de los ejemplos que se suelen poner sobre la inteligencia colectiva: el de presentar un bote de cristal lleno de caramelos ante un grupo y que cada cual trate de adivinar cuántos caramelos hay. De nuevo, es sabido que, en general, la media de los resultados dados suele ser una buena estimación del número de objetos contenidos en el bote. Pero no pretendo que se repita ese experimento sino, como en el caso de Kaspárov, ganarle a la inteligencia colectiva: tratemos de dar una cifra lo más exacta posible del número de objetos que hay dentro del bote usando un poco de matemáticas, algunas bien conocidas y otras no tanto.

En primer lugar, supongamos el caso más sencillo: que los caramelos son esféricos, como muchas gominolas. Antes de nada tenemos que tratar de estimar el volumen del bote: normalmente los botes son cilíndricos.

Lo ideal, si nos dejan sostener el bote por un tiempo, es contar el número de caramelos que se ven en la base, eso nos da los caramelos que componen una capa, después tratamos de contar cuántas capas hay más o menos (los caramelos que hay en una altura) y multiplicando ambos números se obtiene una buena estimación.

Normalmente, este método no funciona y se comete un error pues los caramelos no se agrupan exactamente en capas. Entonces intentamos estimar los volúmenes. En el caso del bote, sus dimensiones nos suelen dar pistas sobre su volumen (sabemos reconocer una botella de agua de litro y medio, por ejemplo). Si no es así, tratamos de evaluar en cualquier unidad (puede ser en longitudes de los caramelos o en centímetros) la longitud del radio de la base (R) y de la altura del bote (h) y el volumen viene dado por la fórmula $V_B = \pi R^2 h$ (ten a mano la calculadora del móvil). En esa misma unidad, estima el volumen de un caramelo (si r es el radio del caramelo, su volumen es $V_c = (4/3)\pi r^3$). Así una primera estimación del número de caramelos sería $N = V_B/V_c$.

Pero eso implicaría que no hemos dejado ningún volumen vacío, algo que se sabe que no es posible, así hay que encontrar cuánto volumen vacío se ha dejado. Este es un problema antiguo (y muy difícil), ya planteado por Kepler para saber cuál es la forma más eficiente de almacenar bolas de cañón, y se sabe que las esferas ocupan alrededor del 74 % del volumen de la forma más eficiente.

No creemos que al rellenar un bote se consiga tal eficiencia y se sabe[2] que, en general, ocupan el 64 % del espacio, así que el número de caramelos de verdad es: $N = (V_B/V_c)*0,64$.

Veamos ahora qué ocurre con nuestros caramelos.

---

2 - «Study of the random pouring of oblate spheroids has implications for the design of high-density ceramic materials for use in aerospace», en <http://yenra.com/particle-packing/>.

La idea es la misma: tratamos de medir los volúmenes, pero consideramos ahora el factor de empaquetamiento de los caramelos (pongamos unos M&M, por ejemplo), que es un elipsoide y su factor de empaquetamiento es mejor: 75 %.

Por si alguien siente curiosidad, después de una búsqueda en internet (por aquello de la inteligencia colectiva), el volumen de un caramelo de M&M es de 0,636 centímetros cúbicos, el diámetro grande viene a ser de 1,04 centímetros y el pequeño de 0,4. Lo curioso es que en el mismo estudio enlazado anteriormente se calcula que el empaquetamiento de M&M suele ser más eficiente y así la fórmula en este caso sería: $N = (V_B/V_c)*0{,}68$.

¿Y si en lugar de caramelos tenemos monedas? Eso lo contamos otro día que, por ahora, ya tienen para entretenerse apostando.

¿LAS PALOMAS SON MÁS INTELIGENTES QUE NOSOTROS?

Seguro que alguna vez has maldecido a alguna palomita que te ha dejado un regalito sobre la ropa cuando paseabas por un parque. Pero estos animalitos poco decorosos han demostrado en un experimento que son más listos que algunos humanos cuando, por ejemplo, se les plantea el dilema de Monty Hall.

¿Qué es el dilema de Monty Hall? En pocas palabras: se trataba de un concurso de televisión que, con el nombre de *Let's Make a Deal*, presentaba Monty Hall. En dicho programa, el concursante tenía que elegir entre tres puertas para conseguir el regalo final, sabiendo que dos de ellas escondían sendas cabras y la otra un coche.

Casi todos los concursantes querían ganar el coche, como se pueden imaginar. En la versión española, podemos pensar en el *Un, dos, tres* y el apartamento en Torrevieja, Alicante.

Pues bien, una vez que el concursante había elegido una puerta, el presentador abría una de las dos puertas no elegidas, una de las que escondía una cabra, y le daba la opción al concursante de cambiar su elección, es decir, de cambiar a la

puerta cerrada que queda de las que desechó al principio. Lo más inteligente es siempre cambiar, porque duplica las posibilidades de ganar. Cuando eliges la puerta la primera vez, tu puerta esconde el coche con una probabilidad de 1/3, por lo tanto, la probabilidad de que esté en una de las que no has elegido es de 2/3. Esta probabilidad de 2/3 se queda concentrada en la puerta desechada que el presentador no abre. Por lo tanto, tienes el doble de posibilidades de ganar si cambias de puerta. Está claro, ¿no?

Pues no. Este hecho no es tan evidente para todo el mundo, porque algunos piensan que después de que el presentador abra una puerta con la cabra, la probabilidad para las dos restantes puertas de esconder el coche es del 50 % y no, eso no es cierto. Piénsenlo con 1.000 puertas: usted elige una que esconderá el coche con probabilidad 1/1.000. La probabilidad de que el coche esté en una de las puertas que usted no ha elegido es de 999/1.000. Si el presentador abre 998 puertas de las no elegidas y que no contienen el premio, la única puerta no elegida que sigue cerrada esconde el coche con probabilidad 999/1.000 ¿Cambiaría o no?

Volviendo al problema original, como digo, son muchas las personas que creen que cambiar no mejora las posibilidades de ganar, por mucho que uno intente explicarles que sí, que duplica sus posibilidades. Las palomas lo hacen mejor. En un experimento con palomas realizado por W. T. Herbranson y J. Schroeder[1] se llega a la conclusión de que las palomas, tras un número determinado de repeticiones del experimento, deciden cambiar su elección inicial (que es lo más inteligente en este juego) en el —atención— 96,33 % de los casos. Eso frente al 65,67 % de humanos que, sometidos a un experimento similar, cambiarían su opción después de muchas repeticiones del juego. Hay que decir que un 65,67 % en estas condiciones no es apenas distinguible del 50 %, lo que indica que en el experimento con humanos no se percibe un aprendizaje por su parte. Posiblemente, por condicionamientos falaces que nosotros podemos tener y las palomas no.

Aunque no lo dice el artículo, esto es cosecha mía, podría ocurrir que si una persona tras repetir el experimento varias veces descubre que el premio se escondía en la puerta que no

---

1 - «Are birds smarter than mathematicians? Pigeons (*Columba livia*) perform optimally on a version of the Monty Hall dilemma», en <https://www.ncbi.nlm.nih.gov/pmc/articles/PMC3086893/>.

eligió, en lugar de aprender que lo mejor es cambiar, piensa que si se ha repetido mucho este suceso (que para este tipo de concursantes tiene, como dijimos al principio, una probabilidad del 50 %), en la siguiente jugada le toca a la otra posibilidad. Es lo que se conoce como *falacia de Montecarlo*.

Pero volvamos con las palomas. Como ya se explica en el trabajo, no hay ningún tipo de maltrato animal en el mismo. Básicamente, a las palomas se les ponen delante tres botones que se iluminan con luz blanca. Estos tres botones están asociados a tres compartimentos de los que, aleatoriamente, se han dejado vacíos dos y en uno de ellos hay una mezcla de grano muy apetecible para nuestras protagonistas.

En un primer paso, la paloma picotea una de las luces blancas encendidas, haciendo su elección. A continuación, se desactiva una de las luces no elegidas por la paloma, una de las que no contiene grano (como hacía Monty Hall abriendo una de las puertas con cabra) y las dos restantes se iluminan en verde: la que eligió en primer lugar y la otra que no eligió y que no hemos desactivado.

Cualquiera de las dos puede contener el grano, aunque sabemos que una de ellas con probabilidad 1/3 y la otra con 2/3. Pues bien, en el primer día del experimento, las palomas cambian su elección inicial (que es lo más inteligente) en un 36,33 % de los casos. Al cabo de 30 días repitiendo varias veces al día el experimento, las palomas cambian su decisión inicial (que es lo acertado) en un 96,33 %. El experimento similar realizado con humanos (estudiantes) no presenta casi diferencias de resultados entre el porcentaje de personas que deciden cambiar su opción en el primer día del experimento (el 56,67 %) y los que lo hacen 30 días después (el 65,67 %).

¿Significa esto que las palomas son más inteligentes que los humanos? No soy experta en estos temas, pero yo diría que, simplemente, están menos condicionadas que nosotros por razonamientos sobre el azar, por ejemplo. Vamos, que tienen menos cosas en la cabeza, y así cualquiera lo consigue.

En cualquier caso, me conformo con que si alguna vez se encuentran ante una disyuntiva similar a la del dilema de Monty Hall, cambien su primera elección porque las probabilidades de ganar se multiplicarán por dos.

Quiero terminar agradeciendo a Jesús Gómez Bujedo que me enviara este peculiar trabajo sobre tan curioso experimento.

DETECTAR UN *SPAM* EN TWITTER GRACIAS A LA LEY DE BENFORD

La potencia de las redes sociales como herramienta de transmisión de contenido no ha pasado desapercibida para comerciantes, charlatanes que venden seudomedicinas e ideólogos políticos, entre otros. Un estudio reciente de la Universidad de Maryland propone el uso de la ley de Benford para detectar estas cuentas «cojoneras».

En los años hiperelectorales de la muerte (¿todos?) surgen los *bots*: cuentas de Twitter que vocean con entusiasmo consignas, emanadas de sus amos, como setas. Lo que pretenden es convertir en *trending topic* algo que favorezca al candidato o producto en cuestión. Son, principalmente, molestos, y además perturban el buen funcionamiento de la red.

Alguien puede pensar que basta con no seguirlos, pero eso no es válido ya que si crean una cierta tendencia (de forma artificial) pueden conseguir una atención que no se merecen. Naturalmente existen diversos métodos para detectarlos, pero vamos a describir uno sumamente efectivo, simple y, ¿por qué no decirlo?, sorprendente: el uso de la ley de Benford (conocida también como «ley del primer dígito»).

Supongo que lo primero que conviene aclarar es qué es la ley de Benford y para ello tenemos que hablar de logaritmos. No se asusten, solo es necesario saber que antes se usaban mucho y poco más. Efectivamente, los logaritmos son una herramienta mágica que transforma operaciones complicadas en otras más sencillas: las multiplicaciones se transforman en sumas, las exponenciaciones en multiplicaciones y las raíces en divisiones. Maravilloso.

Por lo tanto, antes de la llegada de los ordenadores eran muy usados (en ellos se basan las reglas de cálculo que eran indispensables para los ingenieros de hace cincuenta años) y cualquiera que tuviera que realizar cálculos laboriosos solía pasar un buen tiempo consultando las tablas de logaritmos. Dichas tablas solían presentar la forma de un libro que estaba ordenado por el primer dígito del número del que quisiéramos saber su logaritmo. Así, si deseamos conocer el logaritmo de 145, buscaríamos en las páginas del «1».

Pues bien, en 1881, el matemático y astrónomo Simon Newcomb observó que las primeras páginas de las tablas de logaritmos que él y sus compañeros usaban estaban mucho más usadas que las finales, lo cual era aparentemente contradictorio, porque los números consultados deberían tener una distribución más o menos uniforme y sería esperable que todas las páginas estuvieran igual de deterioradas. A partir de ello dedujo que los dígitos iniciales de los números con los que trabajaban no son equiprobables, sino que el 1 aparece como dígito inicial más frecuente, seguido del 2 y así hasta el 9.

¿Por qué ocurre esto? No vamos a entrar en la explicación más profunda, pero supongamos que escogemos unos cuantos números al azar entre dos números, por ejemplo entre 1 y 25: evidentemente, cualquier número tiene la misma posibilidad de salir, pero si nos fijamos en el primer dígito, once de esos números empiezan por 1 (1, 10, 11, ...), siete empiezan por 2 y uno por el resto de los dígitos. Cincuenta años después de Newcomb, el físico Frank Benford también se dio cuenta de dicha propiedad, pero él se ha quedado con la gloria ya que la ley adoptó su nombre. Lo curioso es que esta ley ha sido utilizada para probar en juicios que ciertas contabilidades son falsas por el solo hecho de que las entradas no seguían la distribución esperada.

Naturalmente, existen listas de números que no siguen la ley de Benford, pero en la mayoría de los casos se puede dar una interpretación a dichas anomalías. Por ejemplo, cuando fueron publicados los «papeles de Bárcenas», algún matemático señalaba que los números que aparecían en esos documentos no seguían la ley de Benford y que, por tanto, deberían ser falsos. Más concretamente, el 6 aparecía con mucha mayor frecuencia de lo que predecía la ley. Pero ese matemático no se dio cuenta de que tal dígito aparecía con mayor frecuencia a partir del cambio de peseta a euro (en 2002), y que sus apariciones provenían de cifras que empezaban en 1: si se cambiaba todo a pesetas, se volvía a verificar la ley de Benford.

Pero volvamos a nuestro problema inicial: ¿cómo podemos usar la ley de Benford para detectar *bots* de Twitter? El método usado por Jennifer Golbeck, de la Universidad de Maryland, ha sido estudiar la llamada red egocéntrica: para un vértice dado ha mirado el número de seguidores y el número de seguidos por los seguidores. Con ello ha comprobado que de 21.000 casos estudiados, prácticamente todas las listas de números siguen la ley de Benford, salvo las asociadas a 170 cuentas. De ellas, la inmensa mayoría son claramente de *bots* de *spam* y un buen número de ellas son unas cuentas rusas que ponen citas de obras famosas sin que se sepa muy bien con qué objetivo. De hecho, solo dos de esas 170 cuentas parecen de usuarios normales.

Habría que definir qué es un usuario normal en esto de Twitter, pero eso da no para un artículo sino para una tesis doctoral, y eso se lo dejo a otro.

¿CUÁNTOS CABLES HAY QUE CORTAR PARA DESCONECTAR INTERNET?

¿Qué tienen en común el café americano, la propagación de ciertas epidemias, las redes sociales y los botijos? Seguro que han oído hablar de la teoría de los seis grados de separación, esa que presume que la distancia entre dos personas cualesquiera en el mundo es de seis pasos, seis amigos intermedios. Pero ¿y si alguien corta uno de esos enlaces?

¿Cuántos «cables» habrá que cortar, por ejemplo, para aislar a un conjunto de usuarios de una red o evitar el avance de una epidemia? Por increíble que parezca, ciertos fenómenos que aparecen en todas estas situaciones se pueden modelar mediante una misma teoría: la teoría de la percolación.

Aunque la percolación se estudia en física, química y diversas ingenierías, hoy nos vamos a centrar en los modelos combinatorios, es decir, los que trabajan con *grafos*. Por si no es usted un visitante habitual de esta casa, le diré que un grafo está formado por un conjunto de puntos (que llamamos *vértices*) y algunas líneas (que llamamos *aristas*) que unen a determinadas parejas de vértices. En la figura siguiente tenemos un grafo:

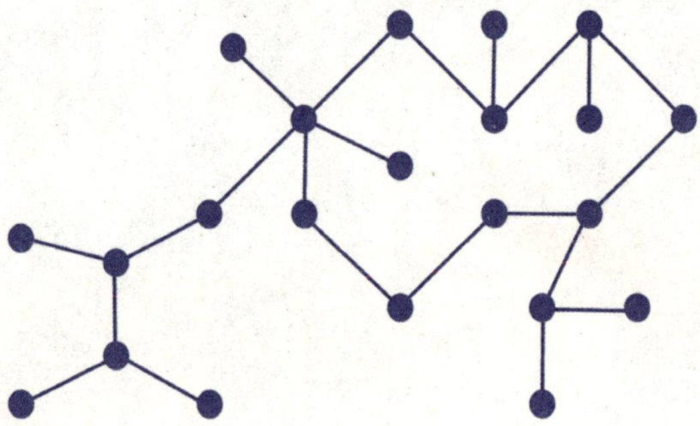

Supongamos que en el grafo de la figura anterior los vértices (puntos) representan a las familias de los alumnos de una clase de primaria y hemos dibujado una arista entre aquellas familias que se conocen entre sí. Como es un grafo pequeño, es fácil ver que, en este ejemplo, cualquier vértice (familia) puede hacer llegar un mensaje a cualquiera de las otras ya sea directamente o a través de otros. Si la familia señalada en la siguiente figura con *A* quiere hacer llegar un mensaje a la familia *B*, está claro que una posibilidad es utilizar como intermediarios a los vértices señalados en rojo.

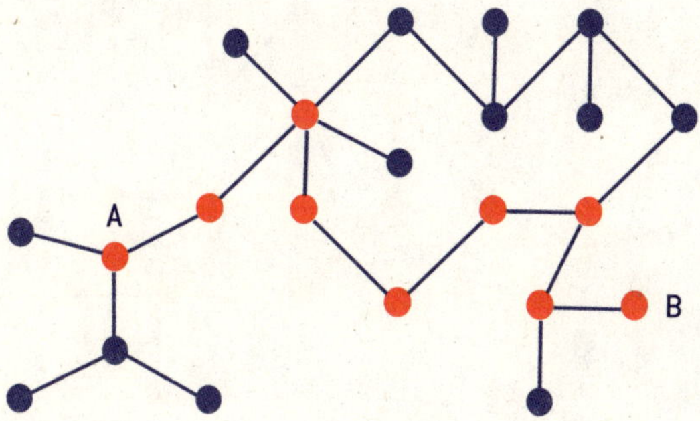

También está claro que, de romperse alguna amistad, podría ocurrir que fuese imposible para *A* comunicarse con *B*. Por ejemplo, si se rompe la amistad señalada por la arista en rojo en la siguiente figura:

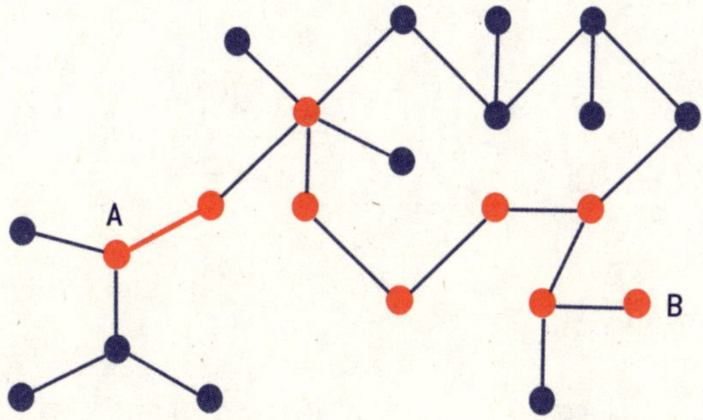

En cambio, otras rupturas sentimentales no afectarían a la comunicación entre *A* y *B* porque tendrían otras opciones. Por ejemplo, la que señalamos en rojo en la siguiente ilustración:

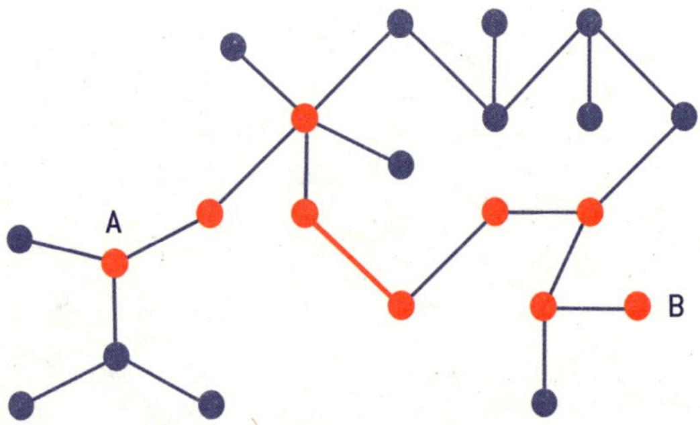

También se ve sin dificultad que si el grafo de las relaciones personales de las familias de los alumnos de una clase es el siguiente, hay vértices que nunca se podrán comunicar con otros porque se encuentran separados en tres grupos que no están conectados entre sí:

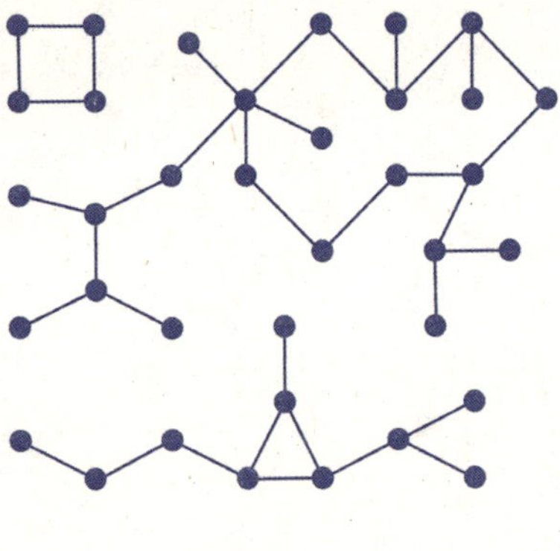

Pues bien, en pocas palabras, de eso trata la teoría de la percolación en grafos, de estudiar cuándo una información puede llegar de un vértice del grafo a cualquier otro. De la misma manera que el agua traspasa el filtro de una cafetera americana o las paredes de un botijo, ¿en qué condiciones puede fluir la información de un lado a otro del sistema? Vamos a verlo con otro ejemplo. Supongamos que tenemos una malla, por ejemplo un tablero de damas muy muy grande; para cada escaque, con una cierta probabilidad p, colocamos una ficha (luego con probabilidad $1 - p$ no la colocamos). Si deciden esto lanzando una moneda al aire, p sería ½. Y $1 - p$ también, claro.

La pregunta es: si comenzamos en uno de los laterales del tablero, ¿podemos llegar hasta el opuesto con movimientos del rey de ajedrez y sin pisar nunca un escaque ocupado? ¿Para qué valores de p podemos garantizar que casi siempre va a ser posible? Dicho de otra manera, imaginen que quieren fluir de un lateral al otro del tablero y que las fichas son obstáculos para usted, o que el rey (el del ajedrez, no don Felipe) es una molécula de agua que está atravesando un medio poroso, y nos preguntamos cuándo será posible que esa molécula atraviese completamente la pared porosa.

En la siguiente figura tenemos una simulación hecha con un tablero para distintos valores de p. Observen que cuanto mayor es el valor de p, más escaques están ocupados (en azul) y más complicado es percolar (fluir) de izquierda a derecha, por ejemplo.

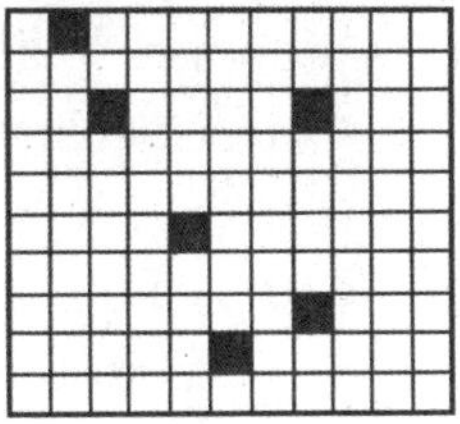

Figura 1. $p = 0{,}05$

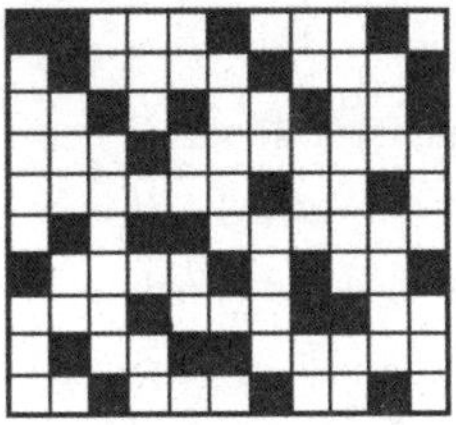

Figura 2. $p = 0{,}248$

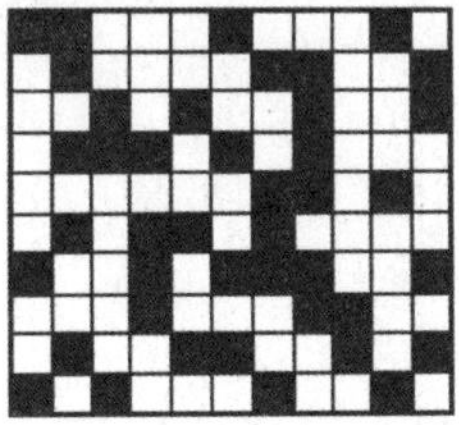

Figura 3. $p = 0{,}347$

Y bien, ¿para qué valores de p podemos asegurar que el rey encuentra un camino para llegar de un lado a otro del tablero? Efectivamente, estaba segura de que sabrían calcularlo: nuestro rey tendrá casi asegurado su camino desde una banda hasta la opuesta siempre y cuando coloquemos fichas con una probabilidad p menor que 0,67680165. Estaba claro desde un principio, ¿no? Ahora en serio, el estudio de este tipo de problemas de percolación en grafos, que no son nada fáciles, tiene aplicaciones al estudio de redes complejas interconectadas (telefónicas, ordenadores, etc.) para conocer, por ejemplo, cómo de frágiles son ante las caídas aleatorias de ciertos nodos (si se cortan algunos de los cables de dichas redes, por ejemplo).

Así que, ya saben, antes de cortar un cable o una amistad, asegúrense de que no se están desconectando de algo o de alguien que les interese mucho.

EL RECORRIDO DEL CARTERO Y DEL CAMIÓN DE LA BASURA

Seguro que alguna vez, en una visita turística, han tenido la sensación de pasar muchas veces por la misma calle en una ciudad. El problema es más importante si el que repite calle es el camión de la basura, por ejemplo, o el cartero. ¿Pueden las matemáticas ayudarnos en el diseño eficiente de rutas? Claro que sí.

Cuando se trata de diseñar recorridos eficientes en una ciudad sin repetir calles, por ejemplo para el camión de la basura o el cartero (por lo del ahorro de tiempo, dinero y contaminación), las matemáticas nos ayudan. De hecho, este es un problema que tiene un papel especial en la historia de las matemáticas por ser el primero que se planteó y resolvió mediante teoría de grafos, lo que dio lugar al nacimiento de esta disciplina.

Era el siglo XVIII. En una ciudad prusiana llamada Königsberg —actualmente Kaliningrado—, situada en la desembocadura del río Pregel, había siete puentes. Bueno, hay que decir que la geografía de Königsberg era un tanto especial alrededor de los puentes, ya que la ciudad quedaba dividida en cuatro partes por el Pregel, como se muestra en la siguiente figura:

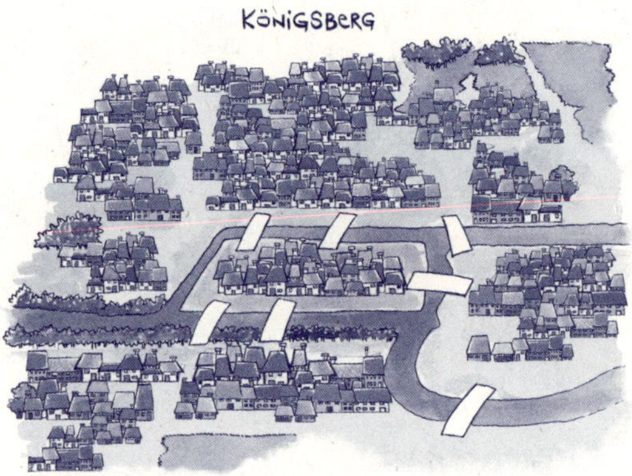

En aquellos tiempos, alguien formuló la siguiente pregunta: ¿Es posible, comenzando en cualquier sitio de la ciudad de Königsberg, elegir un recorrido que nos permita pasar una única vez por cada uno de los siete puentes sobre el río Pregel? Esta cuestión es conocida como problema de los puentes de Königsberg.

Fíjense que en la pregunta anterior no se impone que el punto de inicio coincida con el punto final del recorrido. Esa sería una pregunta diferente: ¿Se puede diseñar un circuito que, empezando y terminando en el mismo punto de la ciudad, pase una y solo una vez por todos los puentes de Königsberg?

La respuesta a estas dos preguntas se la debemos a uno de los mejores matemáticos de la historia, Leonhard Euler, que dio origen en 1736 así a la teoría de grafos. De hecho, el resultado no sirve solo para los puentes sobre el Pregel, sino para saber muy fácilmente cuándo es posible y cuándo no diseñar un recorrido o un circuito en una ciudad sin pasar dos veces por la misma calle.

En realidad, el problema de los puentes se puede representar como en la siguiente figura: un vértice (punto) por cada zona de la ciudad y una arista (rayita) entre dos de esas zonas por cada puente que las una:

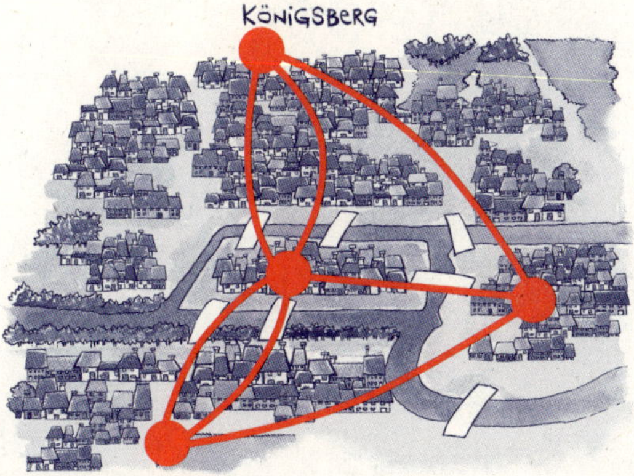

La pregunta sobre Königsberg se transforma en la siguiente pregunta: ¿Se puede dibujar ese grafo rojo sin levantar el lápiz del papel y sin repetir ninguna de las líneas? ¿Y empezando y terminando en el mismo vértice?

La respuesta a ambas preguntas es no, según el teorema de Euler. De hecho, en su honor, a los grafos que tienen la propiedad de poder ser recorridos (empezando y terminando en el mismo vértice) sin repetir aristas se los conoce como grafos eulerianos. Pues bien, un grafo es euleriano si —y solamente si— el número de aristas (rayitas) que salen de cada vértice es un número par. Y un grafo tiene un camino euleriano (puede empezar en un vértice y terminar en otro) si —y solamente si— solo tiene dos vértices de los que sale un número impar de aristas.

Si miramos el grafo asociado a los puentes de Königsberg y contamos las aristas que salen de cada vértice, vemos que de todas salen un número impar de estas. Por lo tanto, no es euleriano (no se puede diseñar un circuito —empezando y terminando en el mismo vértice— sin repetir aristas, ni tiene un camino euleriano —empezando y terminando en vértices distintos).

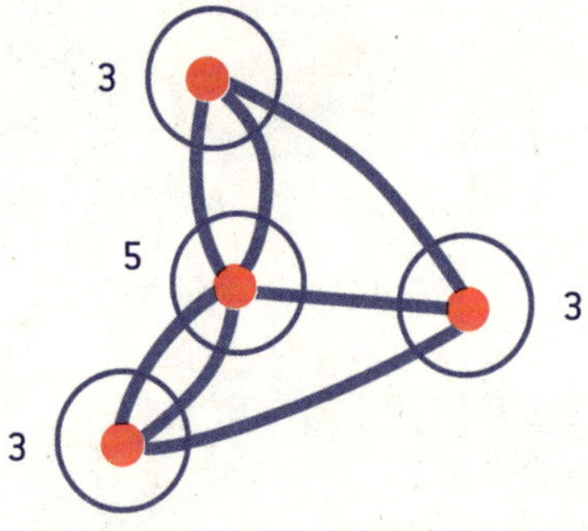

Aparte del acertijo de los puentes, el estudio del carácter euleriano o no de un determinado grafo tiene aplicaciones a cualquier problema de diseño de rutas que necesiten recorrer todas las calles, como la del camión de la basura o la del cartero, pero sin pasar más de una vez por ninguna de ellas. Cuando se pueda, claro, porque no siempre se puede: ya hemos dicho que si de algún vértice sale un número impar de aristas, es imposible hacer el circuito, y que si hay más de dos vértices con un número impar de aristas es imposible diseñar ningún recorrido en esas condiciones.

Bueno, y si se puede, ¿cómo lo hacemos? Es decir, si el grafo de mi ciudad tiene un número par de aristas en todos sus vértices, ¿cómo y por dónde pasa el circuito sin repetir calles? Existe un método muy sencillo para hacerlo. Imaginemos que este es el grafo con las calles de nuestra ciudad (es una ciudad muy pequeña pero está bien para el ejemplo):

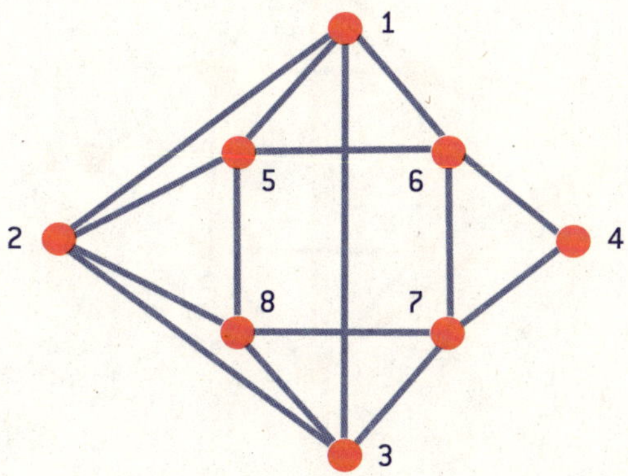

Si cuentan cuántas aristas salen de cada vértice, comprobarán que en todos hay un número par; se puede hacer, por lo tanto, un circuito euleriano, que pase una —y solo una— vez por cada arista, empezando y terminando en el mismo vértice. En este ejemplo tan simple, uno puede tratar de encontrar ese circuito a simple vista, pero cuando el grafo corresponde a ejemplos reales es mucho más grande, así que vamos a buscar el circuito con nuestro algoritmo. Bueno, en realidad, con el algoritmo de Carl Hierholzer que, por cierto, fue el que demostró la parte difícil del teorema de Euler (este no lo demostró completo).

Primero buscamos un circuito (o ciclo) simple (no tiene que pasar por todos los vértices) que salga desde, por ejemplo, el vértice 1. El circuito (1, 2, 3) nos sirve. Llamaremos C al conjunto formado por esos vértices, C = {1, 2, 3}.

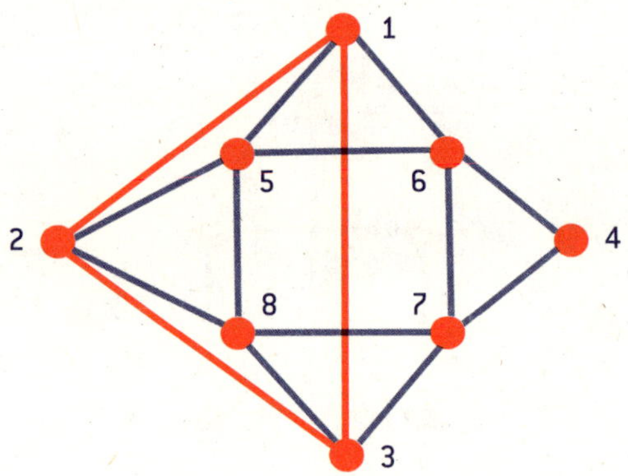

A continuación borramos ese circuito rojo y buscamos otro que pase por algunos de los vértices que están ya en C. Por ejemplo, el circuito (1, 5, 6). Ahora, en el conjunto C, sustituimos el elemento 1, ponemos los elementos (1, 5, 6, 1). Así C = {1, 5, 6, 1, 2, 3}.

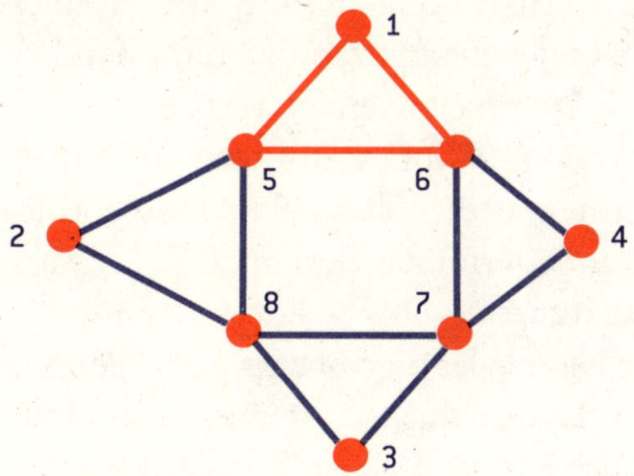

Borramos, de nuevo, el circuito rojo y buscamos otro sencillito que pase por alguno de los vértices de C, (2, 5, 8), y en C sustituimos el elemento 2 por (2, 5, 8, 2): C = {1, 5, 6, 1, 2, 5, 8, 2,3}.

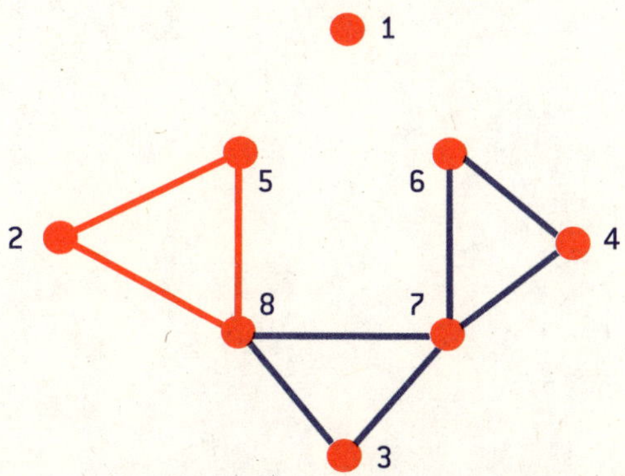

Borramos el rojo y nos quedamos por ejemplo, con el (3, 7, 8), entonces C = {1, 5, 6, 1, 2, 5, 8, 2, 3, 7, 8, 3}. Y por último, el (6, 7, 4), con lo que C = {1, 5, 6, 7, 4, 6, 1, 2, 5, 8, 2, 3, 7, 8, 3}. Ya tienen el circuito que pasa por todas las aristas, sin repetir ninguna; solo tienen que añadir un 1 al final del conjunto C. Si su grafo no admite circuito euleriano, pero sí recorrido, es decir, empezando y terminando en vértices diferentes, será porque tienen dos vértices de valencia impar: los llamamos *X* e *Y*. Ahora se inventan un vértice, *Z*, lo unen a *X* y a *Y* en su grafo, y aplican el método que acabamos de explicar. Cuando terminen, borran de C a *X* y a *Y*, y ya está, ahí tienen su recorrido.

Ya ven, si cuando les digo que las matemáticas sirven para todo... Ahora les dejo que comprueben si en su barrio o en su ciudad es posible hacer un circuito de Euler o no.

¿QUÉ TIENE PENROSE EN CONTRA DE LOS PERIÓDICOS?

El verano es la época de las reformas en casa. Hay quienes dedican el descanso estival a darle un nuevo aire a su vivienda; algunos por necesidad, otros simplemente por cambiar de estilo, por hacer algo diferente y bello. Pero si hay algo que sea siempre bello y siempre diferente son los mosaicos de Penrose. ¿Te atreves a ponerlos en tu baño?

Los mosaicos se han usado como elementos decorativos desde hace mucho, muchísimo tiempo. Se ve que las repeticiones de patrones siempre han ejercido una poderosa atracción en el ser humano. Ya se pueden observar ciertos patrones en numerosas pinturas rupestres y, en algún sentido, podemos decir que la cumbre de dicha ornamentación se alcanza en nuestro país con la maravillosa Alhambra. Es una historia que se ha repetido muchas veces cómo la Alhambra influyó decisivamente en el pintor holandés Maurits Cornelis Escher para sus creaciones. Pero tanto en la Alhambra como en las obras de Escher, la repetición juega un papel importante. Hoy vamos a hablar de unos mosaicos en los que la no repetición es lo fundamental. Y también lo bello. Al menos desde el punto de vista matemático. Vamos a hablar de *mosaicos aperiódicos*.

Para entender qué es un mosaico aperiódico, vamos a ver primero que es un mosaico periódico. Supongamos que con unos cuantos modelos distintos de losetas somos capaces de enlosar todo el plano tal y como se muestra en la figura:

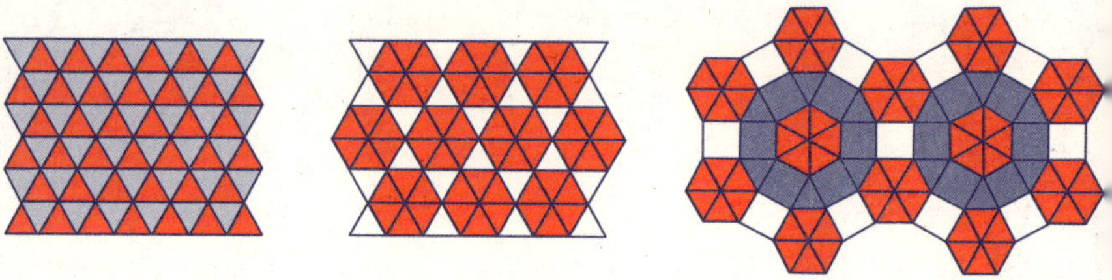

Todos estos enlosados tienen en común que las losetas que se han usado son triángulos equiláteros, cuadrados o combinación de ambos. También comparten otra propiedad: con un solo sector del plano ya tenemos la regla para ampliar esos enlosados, esto es, para hacerlos infinitos hasta recubrir todo el plano repitiéndolos periódicamente. En algún sentido, la clave está en que dado cualquier punto *P* de estos enlosados, podemos encontrar dos puntos, *Q* y *R*, en dos direcciones distintas y no paralelas de tal forma que el mosaico desde cualquiera de esos tres puntos se ve exactamente igual. Eso es lo que se llama un mosaico periódico.

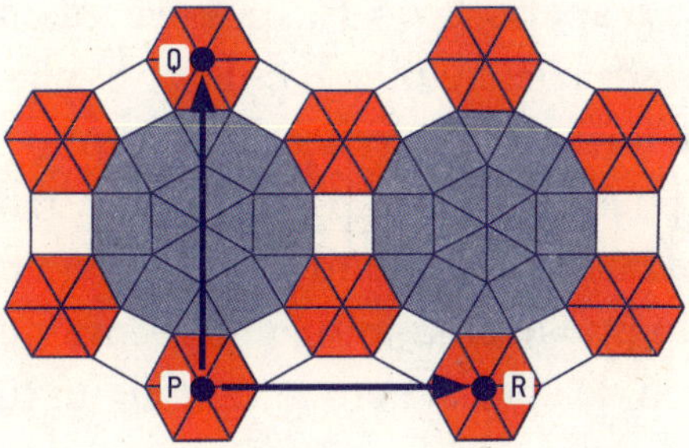

En la figura anterior, si elegimos, por ejemplo, el punto *P*, podemos encontrar *Q* y *R*, usando dos direcciones no paralelas, y desde los 3 puntos el mosaico se ve igual. Pero esto lo podemos hacer eligiendo como *P* cualquier otro punto del mosaico.

Ahora vamos a ver un ejemplo sencillo de mosaico aperiódico, no periódico, en el que se ha usado solo un tipo de losetas: triángulos isósceles iguales.

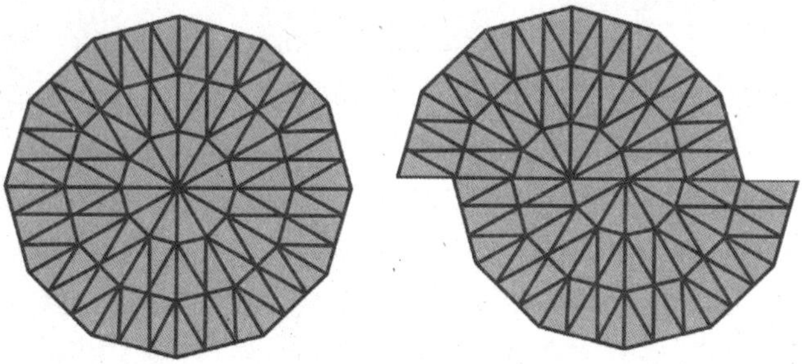

Si nos fijamos (en la figura anterior) en el punto o los puntos centrales en estos mosaicos, no se pueden trasladar: no existen otros puntos desde los que el mosaico se vea exactamente igual: estos son lo que se llaman mosaicos no periódicos o aperiódicos. Ea, pues ya sabemos que con un triángulo isósceles se puede enlosar el plano de forma periódica y de forma no periódica. Esto mismo ocurre con el cuadrado (se puede enlosar el plano con cuadrados de forma periódica o aperiódica); sin embargo, si se usa un hexágono regular solo se puede enlosar de una forma y es periódica: como un panal de abejas. Pero ¿existe algún tipo de loseta (o conjunto de losetas) que solo permita enlosar de forma aperiódica?

En la segunda mitad del siglo pasado, los mosaicos no periódicos atrajeron la atención de varios matemáticos, sobre todo a partir de 1960, año en el que el matemático chino-americano Hao Wang se preguntó eso mismo, si existía algún conjunto de losetas aperiódicas distintas, esto es: que cualquier enlosado que demos del plano con ellas ha de ser, necesariamente, un enlosado aperiódico. De paso, Wang relacionó este problema con uno de los teoremas fundamentales de la matemática y la informática teórica, el teorema de indecidibilidad de Gödel. Wang conjeturó que no existían conjuntos de losetas aperiódicas (esto es: él creía que con cualquier conjunto de losetas que se pueda recubrir el plano, se puede recubrir de forma periódica). Pero, no.

Pocos años más tarde, uno de sus alumnos (y después ilustre investigador en teoría de grafos), Robert Berger, demostró que sí existían conjuntos de losetas aperiódicas y dio un conjunto de 20.426 losetas distintas que podían enlosar el plano, pero que todo enlosado con ellas iba a ser aperiódico forzosamente. El ejemplo de Berger suscitó una especie de carrera, porque 20.426 eran un montón de losetas... Así, el propio Berger consiguió ir reduciendo el tamaño de ese conjunto hasta encontrar un conjunto de 104 losetas aperiódicas. Bueno, esto está bastante mejor, ¿no? ¿Se podía mejorar? Sí, y fue Donald Knuth quien, en 1968, consiguió bajar el número hasta 92 losetas. Y aún mejor, en 1971, Raphael Robinson dio un conjunto de solo 6 losetas aperiódicas. En algún sentido, todos los ejemplos anteriores eran similares y partían de la base de losetas cuadradas con modificaciones.

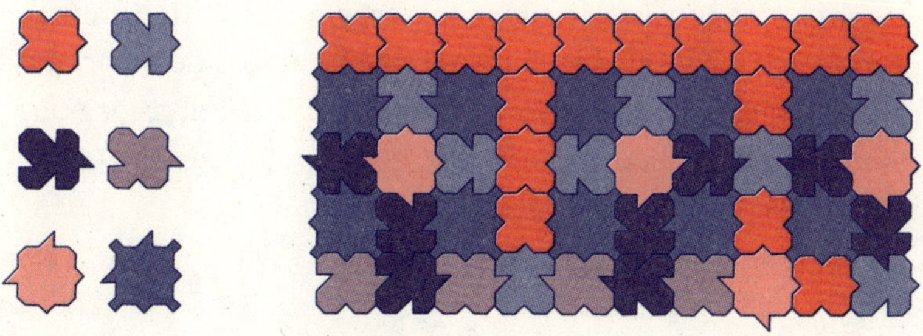

Maravilloso. ¿no? Sin duda. Pero no se vayan todavía, aún hay más. Aún no ha entrado en el *saloon* nuestro Roger Penrose. Cuando nuestro amigo se puso manos a la obra, en 1974, inspirado por algunos trabajos de Kepler de solo unos 400 años antes, dio otro conjunto de 6 losetas aperiódicas pero de base pentagonal. Bueno, lo de 6 ya estaba, sí. Pero es que dos años después, nuestro *sheriff* consiguió el récord mundial, por el momento: un conjunto formado por solo ¡2 losetas aperiódicas!: el dardo y la cometa. Pueden llorar, no se corten, a mí también me emocionan estas historias.

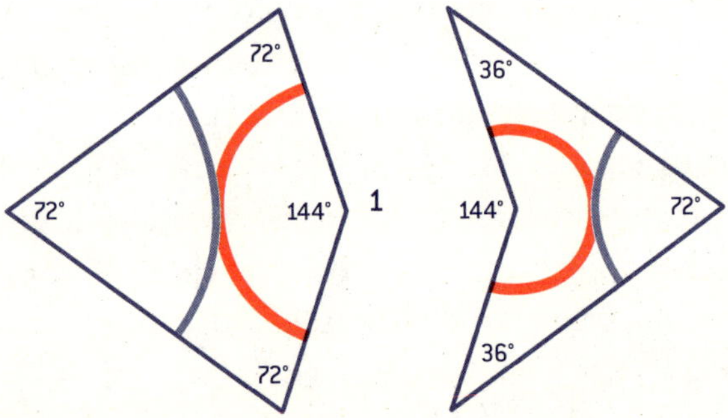

Ahí las tienen, preciosas y simples. Eso sí, hay que enlosar usando estas 2 losetas y de forma que las líneas de color que están dibujadas en ellas formen líneas continuas al colocar las losetas, como en la imagen siguiente:

Si usan estas 2 losetas y respetan esa regla, pueden enlosar todo el plano de forma aperiódica. Y preciosa, oigan. Esta regla de que los colores dibujen líneas continuas, sin cortes en el plano, se puede imponer también dibujando el dardo y la cometa de la siguiente manera.

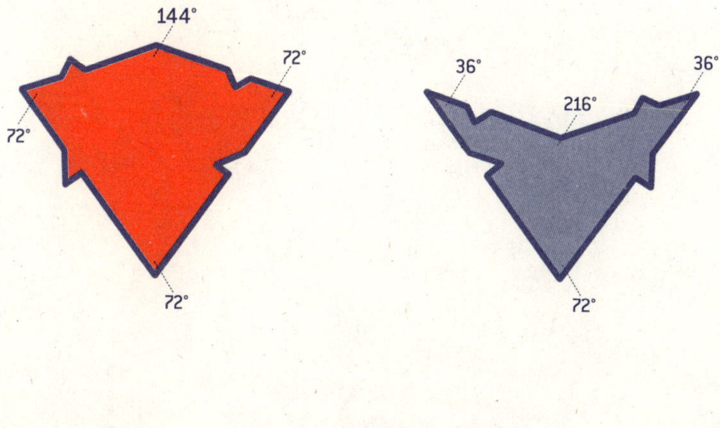

Ahora se trata de enlosar con estas 2 sin dejar huecos y sin solapamientos. Ya verán qué bello queda su baño. Por esta y otras razones, los mosaicos de Penrose han sido y siguen siendo muy estudiados. Se han descubierto numerosísimas propiedades de ellos. Por ejemplo, la proporción de dardos y cometas necesarios para enlosar el plano es el número de oro o proporción áurea, y la sucesión de Fibonacci aparece por doquier en cualquier mosaico de Penrose...

Seguimos otro día hablando de Penrose y sus baldosas. Ahora los dejo tranquilos para que se pongan manos a la obra. Si les apetece, claro.

LA CAUSALIDAD IMPLICA CORRELACIÓN (pero no a la inversa)

¿Qué tiene que ver el consumo de queso en un país con los beneficios obtenidos por los campos de golf? Nada, ¿verdad? Sin embargo, si uno estudia el comportamiento de ambos datos, el del consumo de queso y el de los beneficios de los campos de golf en Estados Unidos, parece que van a la par. ¿Qué concluimos entonces? Nada.

Seguro que han oído muchas veces aquello de que correlación no implica causalidad. En otro caso, acaban de leerlo. ¿Qué significa correlación? ¿Para qué se estudia? ¿Cuándo podemos concluir algo al estudiar la correlación entre dos datos? A estas y otras preguntas vamos a tratar de responder en las líneas siguientes.

Como decíamos en la introducción, el consumo de queso y el golf en Estados Unidos están fuerte y directamente relacionados, como nos muestra la siguiente gráfica:

La línea roja representa el consumo de queso (medido en libras americanas) per cápita en ese país desde 2000 a 2009 y la línea azul los beneficios (en millones de dólares) de los campos de golf en las mismas fechas. Si se fijan, abajo aparece un dato que nos informa de que la correlación es 0,989705. ¿Qué es ese número y que nos indica? Ese número es una medida que, cuando alcanza valores muy cercanos a 1, indica una correlación directa: cuando crece el consumo de queso, los campos de golf ganan más dinero. Sin embargo, y evidentemente, no tienen nada que ver. Ni el consumo de queso causa beneficios en los campos de golf, ni la práctica de este deporte incita al consumo del citado producto lácteo.

Lo dicho: correlación no implica causalidad. Pero sí al revés: si una determinada acción causa un determinado efecto, al estudiar los datos aparecerá correlación. Lo que ocurre a veces es que algunos caen en un error lógico, conocido como la falacia de afirmación del consecuente: si A implica B, entonces B implica A. Y no, no es así, y el ejemplo simple es el de: si llueve se moja el suelo, pero si el suelo está mojado no tiene por qué haber llovido. Vamos a contar un poco de estadística, con lenguaje informal, para tratar de explicarlo.

Suponga que usted es, por ejemplo, agricultor y está barajando la posibilidad de adquirir para sus cultivos un nuevo fertilizante. Supongamos además que dispone usted de muchas hectáreas, al estilo del ducado de Alba, y en ese caso, por lo tanto, antes de usar ese fertilizante, quiere comprobar que, efectivamente, mejora el rendimiento de sus cultivos. Para ello, en una parcela pequeña y durante un período determinado de tiempo, usted usa el fertilizante, aumentando poco a poco la dosis. En su hoja de cálculo usted va registrando, regularmente, dos datos: el rendimiento del cultivo y la dosis de fertilizante administrada.

Ahora representamos esos datos en una gráfica como la siguiente (es un ejemplo ficticio, muy simple, para facilitar la explicación):

Si al representar los datos en la gráfica nos queda algo como en la gráfica 1, podríamos pensar que, efectivamente, cuánto más dosis, mejor funciona, ¿no? Pues no, si nos sale así, lo que sabemos es que los datos están correlacionados positivamente (cuando crece uno, crece el otro y al revés, lo que no significa que uno sea la causa del otro), pero no tiene por qué ser uno de ellos el causante del crecimiento o el decrecimiento del otro. Causalidad implica correlación, como decíamos en el título, pero no al revés. Este razonamiento es válido, el de que los datos están correlacionados, porque la distribución de los puntos rojos es «cercana» a una recta.

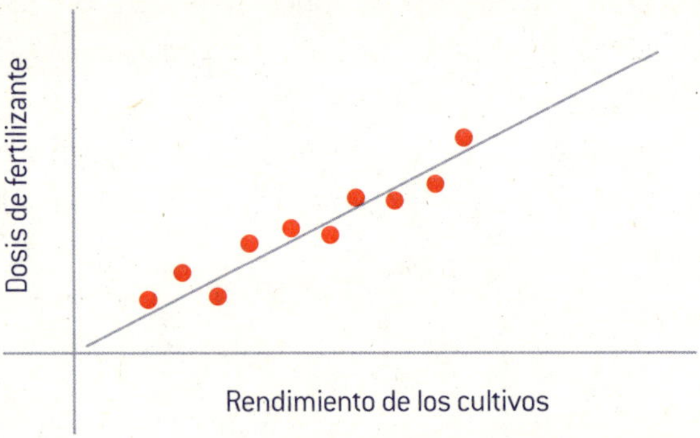

Si ocurre algo como lo que muestra la gráfica 3, que los puntos están muy dispersos, y su distribución no es, ni de lejos, «cercana» a una recta, no sabemos nada. Solo que no están correlacionados de forma lineal, pero podría existir otro tipo de correlación. Nunca podemos deducir de esto que no existe correlación y, por lo tanto, que no exista causalidad.

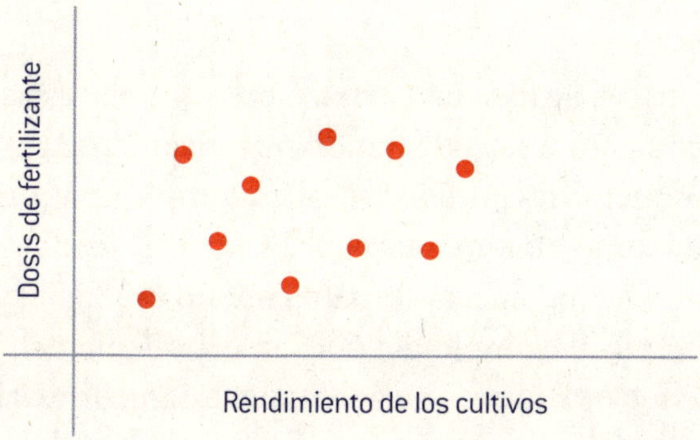

En el único caso en el que, en principio, pueden mandar a paseo al vendedor de fertilizante es aquel en el que al representar los datos obtengan una gráfica como la siguiente:

En este caso existe un correlación negativa; eso significa que el fertilizante está afectando negativamente a sus cultivos. ¿Por qué? Pues porque causalidad implicaría correlación positiva. Como no tenemos correlación positiva, sino negativa, significa que nuestro fertilizante no es bueno.

Volviendo al ejemplo del queso y el golf, pueden consultar[1] muchos otros datos curiosos que están correlacionados y que no tienen nada que ver. Si, en el caso del queso y el golf, la correlación es directa (cuanto más queso comen, más ganan los campos de golf), tienen esta otra en la que la correlación es inversa entre el consumo de margarina y las muertes por inanición (cuanto más margarina, menos muerte por hambre).

También hay una gráfica en la siguiente página que muestra la correlación inversa entre el número de películas de Nicolas Cage y el número de accidentes de helicópteros en las que mueren sus ocupantes.

1 - «Spurious Correlations», en <http://www.tylervigen.com/spurious-correlations>.

Consumo de margarina por persona
en relación con
las muertes por inanición en Estados Unidos

Bueno, bueno... lo que voy a decir no tiene nada que ver con estadística, pero en el próximo vuelo en el que me pongan una película de Cage, yo me tiro en paracaídas, que ya tuve bastante con otros vuelos. Y es que, parafraseando a mi hijo mayor, yo cuando vuelo, no soy tan científica.

Número de películas de Nicolas Cage
en relación con
los accidentes de helicópteros en los que mueren los pasajeros

MIND THE MAP: la lógica topológica de los planos del metro

¿Son usuarios habituales del metro? ¿Se han fijado alguna vez en el diseño del mapa de líneas del mismo? ¿A qué les recuerda? Efectivamente, al diseño de un circuito. Es normal: los actuales planos de metro fueron diseñados por un ingeniero eléctrico y, aunque no lo parezca, hay muchas matemáticas escondidas en ese entramado de líneas de colores.

A menudo, y desde el cariño, los matemáticos hacemos chistes sobre los ingenieros. Bueno, y sobre los físicos, los químicos, los biólogos... Somos así, no hay maldad. Sin embargo, hay que reconocer la infinidad de logros conseguidos por estos, los ingenieros y, entre todos ellos, hay uno que me resulta especialmente curioso: el diseño del plano del metro de Londres de Harry Beck, un desconocido ingeniero inglés que consiguió revolucionar parte de los conceptos de diseño en el siglo XX.

Efectivamente, los primeros planos del metro de Londres eran mapas geográficos, es decir, sobre un plano real de la ciudad se dibujaban las distintas líneas de metro con su

recorrido real aproximado y las estaciones ubicadas según dicho plano.

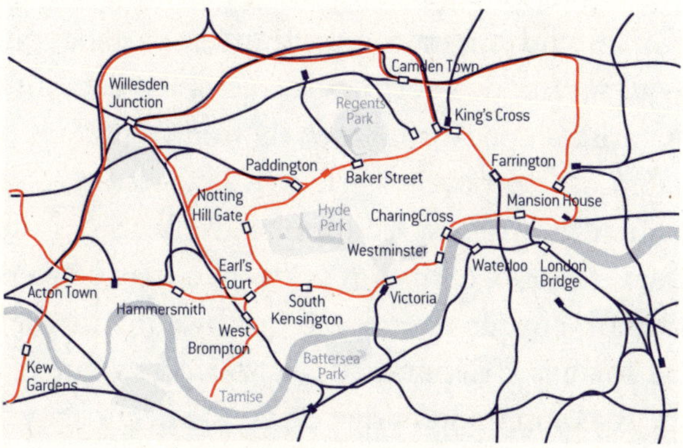

Plano del metro antes de 1930.

Pero si lo piensan, y así lo intuyó Beck alrededor de 1931, el usuario de metro no necesita saber qué recorrido hace el metro para llegar de una estación a otra, sino simplemente, conocer la posición relativa de las estaciones (en qué orden se encuentran en la correspondiente línea) y las estaciones en que se cruzan las líneas para poder hacer trasbordos. Dicho en un lenguaje un poco más formal, el usuario necesita un plano topológico del metro. Así, prescindiendo del recorrido real de las líneas, el plano se puede dibujar usando pocas direcciones y sería más claro y fácil de usar por el viajero: no hace falta que muestre las curvas en el recorrido de una parte a otra de la ciudad.

Desde el punto de vista matemático, se puede entender que un plano de metro es un grafo (ya hemos hablado en muchas ocasiones de grafos) en el que las estaciones son los vértices y las líneas entre distintas estaciones son las aristas. Un grafo representa únicamente la relación entre los vértices, si esta existe. En estudios sobre como organizar una boda, la relación (y por lo tanto la existencia de una arista) entre dos vértices del grafo (invitados de la boda en aquel ejemplo) era de incompatibilidad para compartir mesa en el banquete. En el caso del metro, dos vértices (estaciones) estarán unidos (por una arista) si hay una línea de metro que nos lleve de una estación a la otra.

Pues bien, se trataba de dibujar el plano del metro de Londres como eso, como un grafo y lo más claro posible. Pero ¿cómo? Porque un mismo grafo se puede dibujar de distintas formas y, depende de la aplicación que le queramos dar, unas son mejores que otras. De hecho, hay toda un área de investigación dedicada a la optimización de dibujos de grafos, *graph drawing*, que aborda problemas muy muy complicados y con muchas aplicaciones. Pero por poner un ejemplo sencillo, vamos a fijarnos en la siguiente ilustración en la que aparecen 4 grafos: I_{-1}, I_{-2}, I_{-3} I_{-4}.

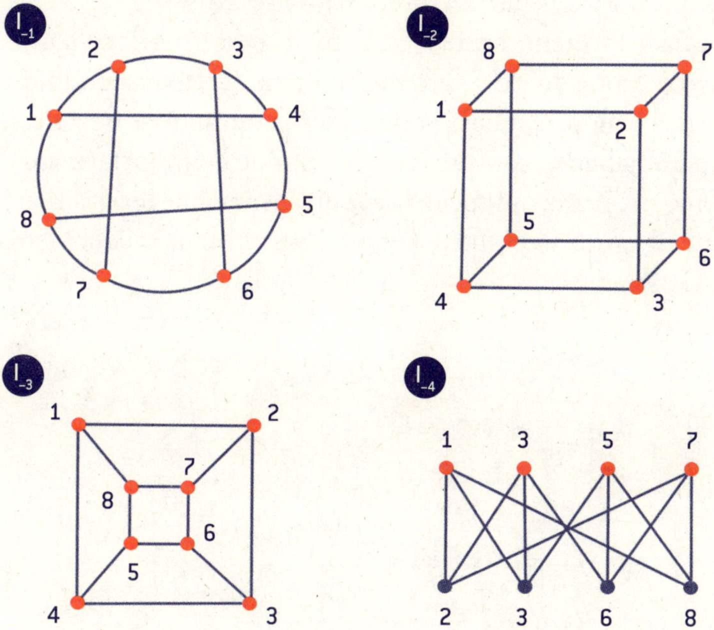

Sobre los dibujos podemos decir que el grafo I_{-1} es hamiltoniano, o lo que es lo mismo, hay un camino que pasa por todos los vértices y vuelve al de origen, sin repetir vértices (muy conveniente para el diseño de rutas de mensajeros, carteros, camiones de basuras). Se ve enseguida que el grafo I_{-2} es regular, es decir, que de todos los vértices sale el mismo número de aristas. Si nos fijamos en I_{-3}, podemos saber que es plano, esto es, que se puede dibujar sin cruces entre las aristas (propiedad muy interesante en el diseño de circuitos). Y por último, del dibujo del grafo I_{-4} podemos inferir que se pueden colorear sus vértices con solo dos colores (lo que nos viene muy bien en el ejemplo de la boda mencionado anteriormente porque nos ahorraría disgustos con solo dos mesas).

Ajá, ya lo han notado, ¿no? Sí, los cuatro grafos son el mismo dibujado de diferentes maneras y, dependiendo del dibujo elegido, algunas propiedades destacan más que otras. Espero haberles convencido con esto de la importancia del dibujo del grafo en función de la aplicación que le vayamos a dar. Volvamos al dibujo del grafo asociado al plano del metro de Londres.

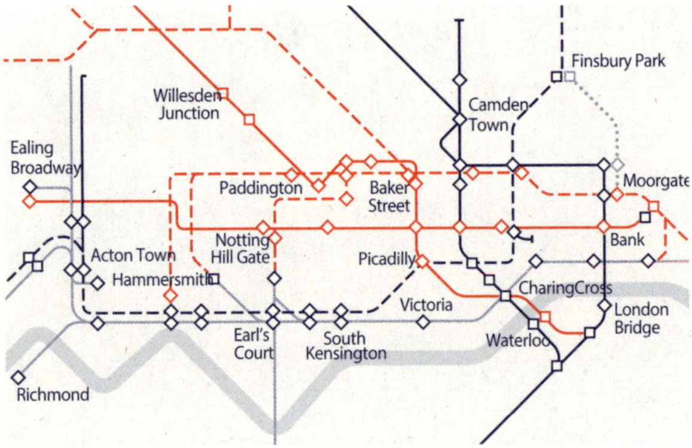

A nuestro amigo Harry Beck se le ocurrió por aquel entonces (1931) que más que un diseño geográfico, lo que resultaría útil sería un diseño topológico, con menos curvas y direcciones en las líneas, y en broma hizo su primer diseño basado en los utilizados en circuitos eléctricos. Aún un poco reticentes, los responsables lanzaron la idea de Beck entre los usuarios y fue aceptada con entusiasmo por los pasajeros del metro.

Poco a poco, tras la gran aceptación de su primer plano, fue introduciendo cambios para mejorarlos. Así, en 1936, por ejemplo, eliminó curvas y solo permitió ángulos de 45° y 90°.

Aparentemente, los responsables querían algo más y en 1940 le pidieron, entre otras cosas, que introdujera ángulos de 60°, pero esa idea se desechó más tarde porque liaba más que otra cosa.

Se puede consultar la evolución de los mapas del metro de Londres y observar qué tipo de modificaciones iban apareciendo siempre para mejorar la usabilidad de los mismos, hasta llegar a la versión actual en la que, como no puede ser de otra manera, se referencia a Harry Beck como creador del diseño. Diseño que habida cuenta de la cantidad de *merchandising* que ha generado (camisetas, tazas...), debe haber sido uno de los más rentables del siglo pasado.

Bueno, si quieren en otra ocasión hablamos de otro problema matemático asociado al diseño de mapas y planos, el de poner etiquetas. Porque, claro, tienen que ser legibles, estar en el sitio correcto, no solaparse... Lo dicho, otro día hablamos de ello. Esta es mi parada.

¿CABREMOS TODOS EN EL PLANETA?

En la actualidad hay 7.500 millones de seres humanos sobre la Tierra. Se prevén 10.000 millones para el año 2050. El control de la natalidad es uno de los problemas mundiales porque ¿vamos a caber todos en el planeta?

En otro capítulo hablamos del crecimiento exponencial y tratamos de mostrar que todo lo que crece exponencialmente se vuelve más o menos incontrolable. Hoy vamos a ver que el crecimiento exponencial ocurre más veces de lo que podemos llegar a pensar y de los peligros que ello conlleva.

La idea del crecimiento exponencial viene bien ilustrada en la leyenda del nacimiento del ajedrez: un sabio inventó el ajedrez para un rey y este, agradecido y emocionado, quiso ser generoso con aquel que tantos momentos de placer le había regalado (por la invención del ajedrez, ojo), pero el sabio solo le pidió un grano de arroz en la primera casilla, dos en la segunda, cuatro en la siguiente...

Este 1, 2, 4, 8... es el crecimiento exponencial: en cada momento se dobla la población anterior y el problema es que en la casilla 64 la cantidad de arroz que hay que situar es de 2^{63} granos de arroz que es, más o menos, 400 veces la producción mundial de arroz del último año y superior a la suma de la producción de arroz en toda la historia de la humanidad o, si lo pensamos visualmente y apilamos esa cantidad de monedas de 1 euro, tendremos una pila de más de 4 años luz que saldría del sistema solar y casi llegaría al siguiente sistema estelar. Tela.

Pero puede que algunos pensemos que esto no nos debe preocupar porque no vamos a contar 2 elevado a 63 granos de arroz y que, si tenemos ese número de monedas de euro, no vamos a dedicarnos a apilarlos en una torrecita. Puede que algunos pensemos que, en nuestro día a día, el crecimiento exponencial debe ser algo muy raro. Y sí, efectivamente, un crecimiento exponencial continuado es algo muy raro en la naturaleza, porque ella misma se encarga de regular que no exista, aunque un crecimiento exponencial en algunas fases es algo absolutamente habitual.

¿Por qué es tan habitual? Sencillamente porque cualquier crecimiento fijo y constante porcentualmente es un crecimiento exponencial, y ello es siempre insostenible. Estaría bien que políticos y economistas fueran conscientes de esto: no es posible un crecimiento constante y sostenido, por ejemplo del PIB, durante largos períodos de tiempo. El PIB de China ha crecido muchos años por encima del 7 %, lo que implica que la economía china se multiplica por dos cada 10 años y que seguro que en 100 años no habrá recursos suficientes en la Tierra para sostener tal crecimiento.

Pero no hace falta aumentar un 7 % para tener una tasa de crecimiento exponencial: cualquier porcentaje que escojamos nos dará semejante tasa, solo que, en vez de multiplicar por dos cada 10 años, puede que sean más o menos. Pensemos en un crecimiento pequeño de algo, por ejemplo: supongamos que la población humana de la Tierra crezca un 1,7 % (lo hace en algo más: desde 1950 ha estado cerca del 1,8 %). Ello implica que la población humana se duplica en poco más de 41 años; para determinar el crecimiento aproximadamente basta con dividir 70 —no es 70, pero es una buena aproximación— entre el tanto por ciento correspondiente.

Si ahora somos más de 7.000 millones, dentro de 40 años habrá 14.000 millones, en 80 se alcanzarán los 28.000 millones y en cinco siglos la masa de la humanidad sería igual a la masa de toda la Tierra. Pero esa masa ha de salir de alguna parte y, parece evidente que un planeta no puede sostener semejante masa. Alguien puede pensar que en esa época habremos desarrollado la suficiente tecnología para colonizar otros planetas. Es posible, pero no pueden ser pocos planetas, ya que si decimos que la Tierra no tiene recursos para sostener nuestro crecimiento durante 120 años más, no podemos limitarnos a colonizar unos cuantos planetas, ya que el crecimiento exponencial de la población saturaría esos planetas en pocos años.

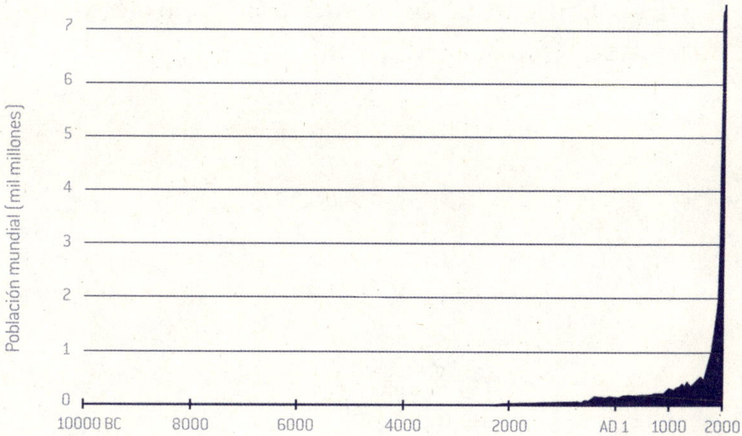

Alguien puede decir que ya Malthus utilizó estos argumentos a finales del siglo XVIII y que sus profecías no se han cumplido. Pero es que Malthus se limitó al estudio de los alimentos, y aquí estamos hablando de que será un problema la masa total de la humanidad. Como señala el periodista medioambiental Alan Weisman, «Cada cuatro días y medio, hay un millón de personas más en el mundo. No es sostenible». No, ni mucho menos.

Claro está que no podemos garantizar que alcancemos la tecnología suficiente para colonizar miles, millones de planetas en pocos siglos, así que tenemos que hacer algo para limitar el crecimiento de la población humana. Evidentemente, hay fórmulas muy eficientes para evitar el crecimiento de la población: aumentar las guerras, usar armas de destrucción masiva, fomentar intregrismos asesinos, dejar de invertir en medicamentos y sanidad... O, por el contrario, incrementar las medidas anticonceptivas, facilitar los procesos de adopción, relajar las condiciones de los abortos... Vamos, lo que se da en llamar sentido común.

FÚTBOL: las matemáticas aciertan más que el pulpo *Paul*

¿Recuerdan el Mundial de Fútbol de 2010? Seguro que sí. ¿Y el famoso pulpo *Paul* que predecía los resultados? Puesto que no contamos ya con él (que en paz descanse), y no se conocen ecuaciones que ayuden a predecir el resultado de un encuentro, no faltarán los que ante alguna competición encuentren algún indicio de victoria o derrota con un nuevo bichito o en una mancha en la pared... Si son menos ingenuos que eso, les propongo estudiar un poco de teoría de grafos para predecir algún resultado.

Cada vez que se acerca un mundial, nuestra selección se enfrenta a la misión casi imposible de renovar el título conseguido gracias a Iniesta, Xavi, Xabi y compañía. Aparte de una alimentación sana, descanso y duros entrenamientos, parte de la ayuda puede venir de una disciplina matemática: la teoría de grafos, de la que ya hemos hablado. Existen varios trabajos que tratan de estudiar las tácticas de cada equipo, sus puntos fuertes y sus flaquezas en función del grafo de sus pases asociados (los vértices son los jugadores y se añade una flecha entre ellos de diferente grosor en función del número de pases en esa dirección). En este sentido se hicieron particularmente famosos en el mundial de 2010 dos matemáticos, Javier López Peña y Hugo Touchette, de la Queen Mary University de Londres.[1]

En él recogieron todos los pases dados en las distintas fases de juego y llegaron a predecir el triunfo de España. También analizaron algunos partidos específicos, poniendo de manifiesto, por ejemplo, los enormes agujeros en las tácticas de Inglaterra contra Alemania. Para cada selección, López Peña y Touchette elaboraron una red de pases *(passing network)* entre los jugadores durante todo el torneo y analizaron cómo estas redes se comparan entre los equipos. Touchette explica que «a cada jugador en la red se le asigna una puntuación llamada centralidad *(centrality)* que mide lo vital que es para la red. A mayor valor de la centralidad, mayor será el impacto si ese jugador falla por alguna razón. Este tipo de análisis se utiliza comúnmente para conseguir las redes informáticas más

1 - «A Network Theory Analysis of Football Strategies», en <https://arxiv.org/pdf/1206.6904v1.pdf>.

robustas, pero también puede ser utilizado para planificar la estrategia del fútbol».

¿Cómo calculan la centralidad de un jugador? En función de varios parámetros, principalmente tres: cercanía *(closeness)*, intermediación *(betweenness)* y popularidad *(PageRank centrality)*. La cercanía de cada jugador es un valor asignado a este en función de su distancia media al resto del equipo, de tal forma que un jugador bien conectado con el equipo tendrá una distancia media pequeña y una cercanía alta. La intermediación mide, en algún sentido, la importancia de ese jugador en jugadas que conectan a otros dos compañeros de su equipo, o dicho de otra manera, el impacto que quitarlo produce en el juego del resto de sus compañeros. En este sentido, el equipo debe procurar tener una distribución uniforme de este valor, la intermediación, entre sus jugadores, para evitar el riesgo de depender fuertemente de algunos jugadores estrellas. En cuanto a la popularidad, conviene señalar que, básicamente, esta noción de centralidad coincide con el PageRank que Google utilizaba para indexar internet, dando más «peso» a algunas páginas en función de las páginas que la enlazan, por ejemplo. En el caso del fútbol, tu popularidad se mediría usando, entre otros parámetros, la probabilidad de que otro jugador muy popular decidiese pasarte el balón en lugar de continuar él con la jugada. El valor de este último parámetro para un determinado futbolista, evidentemente, depende de los valores de popularidad de sus compañeros de equipo, y por ello hay que calcularlo en conjunto.

Aparte de estos tres parámetros que miden el rendimiento de cada futbolista, proponen también la asignación de un valor de agrupación *(clustering)* del equipo, una medida de la tendencia de los jugadores del equipo a agruparse, a pasarse el balón unos a otros. Calculados estos valores, usando datos de partidos anteriores, ¿cómo se hizo la predicción Holanda-España sin ningún pulpo?

Redes de pases de Holanda y España trazado antes de la final y utilizando los datos de las formaciones tácticas de las semifinales-

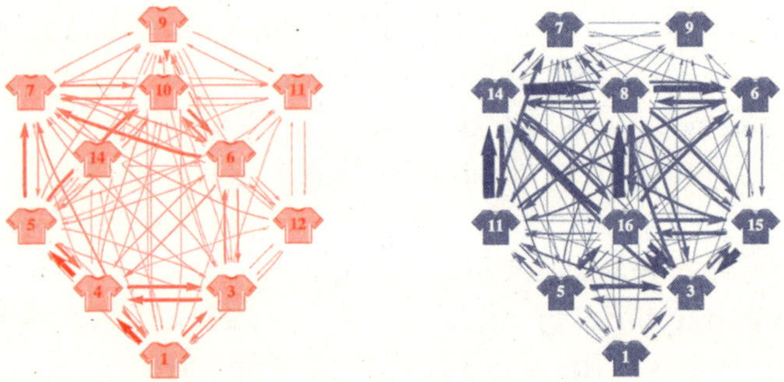

Holanda España

Las redes de pases estudiadas revelaron que los jugadores españoles habían hecho un número sorprendentemente grande de pases en este torneo (cosa que, por otra parte, ya sabe cualquier aficionado al fútbol tiqui-taca), casi el 40 % más que Alemania y dos veces más que los holandeses.

Puntuación de los jugadores de España
(las dos más altas están destacadas)

Jugadores	C_i	$C_B(i)$	x_i	c_i^w
Casillas	16.52	0.00	3.29	20.46
Pique	17.32	**3.92**	11.46	30.70
Puyol	16.32	2.86	7.92	27.12
Iniesta	14.60	0.50	8.54	31.03
Villa	8.68	0.50	5.89	23.96
Xavi	**18.28**	1.19	**14.66**	**46.47**
Capdevilla	16.54	**6.12**	10.56	29.91
Alonso	17.11	1.19	12.31	**41.69**
Ramos	16.45	2.41	9.02	27.05
Busquets	**18.55**	2.41	**12.99**	35.32
Pedro	3.42	0.00	3.35	16.75

C_i = cercanía, $C_B(i)$ = intermediación, x_i = popularidad, c_i^w = agrupación.

«El equipo se basa en pases rápidos que están bien distribuidos entre todos los jugadores, especialmente entre aquellos que juegan de mitad de campo», dijo Javier López Peña. Pero no solo eso; el equilibrio español también se encontraba en los pases que recibía David Villa, máximo goleador del torneo, con un promedio de 37 pases por partido, más que cualquier otro delantero del resto de los equipos.

Puntuación de los jugadores de Holanda
(las dos más altas están destacadas)

Jugadores	C_i	$C_B(i)$	x_i	c_i^w
Stekelenburg	**16.34**	0.32	7.63	28.35
Van Der Wiel	14.43	**2.97**	9.79	31.39
Heitinga	16.23	2.67	**11.06**	31.34
Mathijsen	**17.30**	1.30	10.84	33.22
V. Bronckhorst	15.74	1.12	10.07	**37.00**
Van Bommel	12.46	**3.08**	**11.19**	32.36
Kuyt	7.97	1.67	9.02	27.06
De Jong	10.95	2.73	9.28	28.36
Van Persie	6.89	2.92	5.88	20.13
Sneijder	10.91	2.17	10.32	**33.77**
Robben	5.91	0.16	4.91	23.91

C_i = cercanía, $C_B(i)$ = intermediación, x_i = popularidad, c_i^w = agrupación.

Por el contrario, el modo de juego holandés era claramente ofensivo, con número muy bajo de pases entre los jugadores, la mayoría de los cuales estaban dirigidos a los delanteros. Según López Peña, «El bajo número de pases muestra que los holandeses prefieren ataques rápidos, contraataques, en lugar de jugadas elaboradas. Sus objetivos son a menudo marcados en jugadas claves como los tiros libres y usan su presencia física para vencer a sus oponentes».

En función de esos datos llegaron a la conclusión de que era más sencillo para España anular el juego holandés y que, por tanto, la victoria debía corresponder a nuestra selección; publicaron dichos resultados el día 2 de julio de 2010 (días antes de la final).

Así que ya sabemos que nuestra selección contaba a su favor tanto con la teoría de grafos como con el pulpo *Paul*: no podíamos perder.

¿VUELAN LOS AVIONES EN LÍNEA RECTA?

En 2014 todos seguimos con el corazón encogido la tragedia de la desaparición del avión MH370 de Malaysia Airline. En esos días se mostraron mapas con las posibles rutas seguidas por este avión. ¿Sabes cómo eligen la ruta más corta las compañías aéreas? ¿Cuál es la ruta más corta, en este caso, entre Kuala Lumpur y Pekín?

Años después de su desaparición, sigue siendo un enigma lo ocurrido con el vuelo MH370. La imaginación popular no deja de trabajar sobre posibles explicaciones de esta desaparición, ni ha faltado quien insinúe que Estados Unidos ha aprovechado la búsqueda de los desaparecidos del vuelo de Malaysia Airlines para probar las capacidades de los satélites de China y estimar la amenaza de los misiles comunistas contra sus portaaviones. Esta manía humana de aprovechar cualquier tragedia para sacar tajada, sea como sea...

Pero consideraciones paralelas al margen, y como las matemáticas son más sencillas que la política, la búsqueda del avión sirvió para que algunos se dieran cuenta de qué rutas se siguen al volar, que no son exactamente como uno podría pensar. ¿Cuál creen ustedes que sería la ruta más corta para volar de Kuala Lumpur a Pekín, por ejemplo? Puede que alguien tenga la tentación de tomar el mapamundi y una regla y dibujar la línea recta que une ambas ciudades por aquello que heredamos de Euclides de que la distancia más corta es una línea recta. Eso es cierto, pero solo si nos movemos en un plano y medimos con la distancia euclídea, es decir, si medimos la longitud del segmento que une a los dos puntos en el plano.

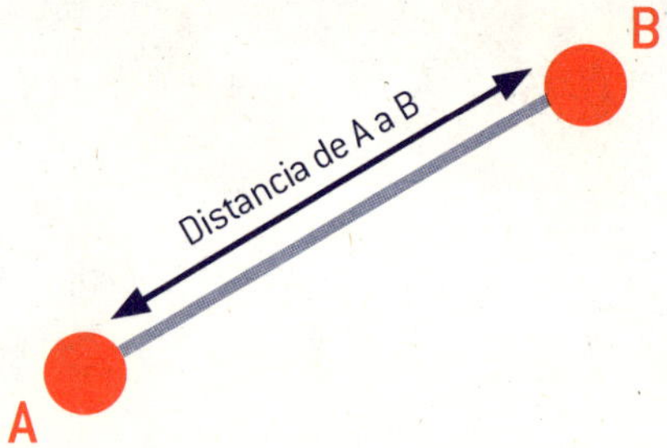

Pero, de momento, podemos afirmar que la Tierra no es un plano, sino que es una esfera. Bueno, ya lo sé, no exactamente una esfera, pero le falta muy poco. Así que lo que nos vamos a plantear es aprender a calcular la distancia más corta entre dos puntos situados sobre una esfera.

La línea más corta entre dos puntos de la esfera es la geodésica: la curva que se dibuja sobre la esfera si la cortamos por un plano que pase por los dos puntos escogidos y el centro de la esfera. Es decir, que las geodésicas son arcos sobre la esfera, correspondientes a círculos que estarían centrados en el centro de ésta. Vamos, que si pensamos en la esfera terrestre, por ejemplo, los meridianos (que nos permiten medir la longitud) son geodésicas, puesto que son círculos que estarían centrados en el centro de la esfera, mientras que los paralelos (que nos permiten medir la latitud) no lo serán, porque (salvo el ecuador) el círculo que los define no está centrado en el centro de la esfera.

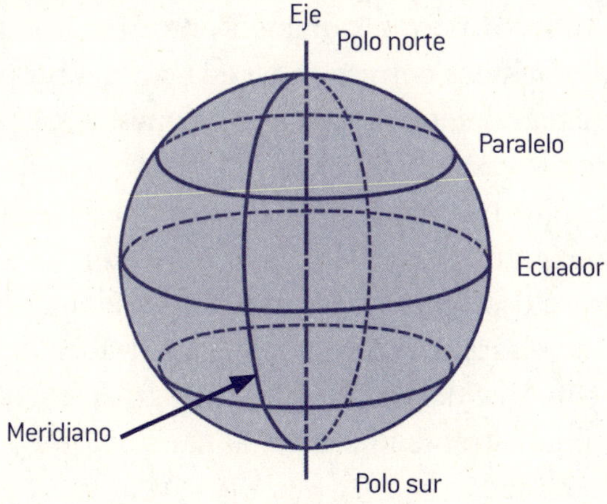

El hecho de elegir paralelos y no geodésicas (que son las más cortas) en un viaje entre dos puntos de la Tierra ha marcado profundamente la historia de nuestro país.

Antiguamente, era fácil saber a qué distancia sobre el ecuador (latitud) nos encontrábamos (midiendo la altura del sol o algunas estrellas sobre el horizonte), pero para determinar la posición exacta sobre la Tierra era necesario conocer otra coordenada, normalmente la longitud. El problema de determinar la longitud no se resolvió hasta el siglo XVIII (gracias a que John Harrison desarrolló relojes más precisos que los existentes hasta ese momento). Por lo tanto, cuando un descubridor se internaba en un océano desconocido, como Colón en 1492, no solía seguir el camino más corto, la geodésica (para determinarlo sobre la esfera es necesario conocer el punto de partida y el punto de llegada), sino que navegaba siguiendo algún paralelo.

Esto, las corrientes marinas y que no le hicieran caso en Portugal fue muy importante para el éxito del primer viaje de Colón. Sí, porque por aquel entonces, la hegemonía de las exploraciones correspondía a la corona portuguesa y Portugal había lanzado varias expediciones. ¿Qué problema encontraron las expediciones portuguesas? ¿Por qué no llegaron antes que nuestro Colón? Porque querían viajar hacia el oeste siguiendo el paralelo y, como partían del lugar más lógico para ellos, el más occidental dominado por la corona portuguesa —las islas Azores—, se encontraban de frente la fortísima corriente del Golfo y los vientos que la acompañan. Esto dificultaba tremendamente la navegación y hacía casi imposible avanzar.

Colón tuvo la suerte de no ser aceptado por los portugueses y se vio obligado a pedir ayuda a la corona de Castilla, que, al concedérsela, le exigió que partiera de puerto castellano; por lo tanto, las últimas tierras conocidas que visitaron fueron la islas Canarias (La Gomera y Gran Canaria). Desde las Canarias, las corrientes y los vientos apuntan hacia el oeste y permitieron su viaje. De hecho, en el viaje de vuelta, la ruta escogida por Colón fue mucho más al norte y así estuvo ayudado por la corriente del Golfo que lo empujaba hacia Europa.

Pero dejando a un lado antiguas rivalidades con nuestros vecinos lusos y volviendo al tema de encontrar la ruta mínima entre Kuala Lumpur y Pekín, alguien podría caer en la tentación de pensar que la ruta que seguiríamos en el vuelo corresponde a la línea recta que une el origen con el destino con una línea recta sobre el mapa. O quizás, como Colón, volar hacia el este por el paralelo de Kuala Lumpur hasta llegar a la altura de Pekín y subir.

Pero, como ya hemos dicho, esto no es así, porque los vuelos de los aviones suelen seguir, salvo algunas restricciones, la ruta marcada por el arco de geodésica que une el aeropuerto de origen con el aeropuerto de destino. En este ejemplo, el de la ruta Kuala Lumpur-Pekín, la geodésica (en rojo) se parece bastante a la recta, pero no es recta.

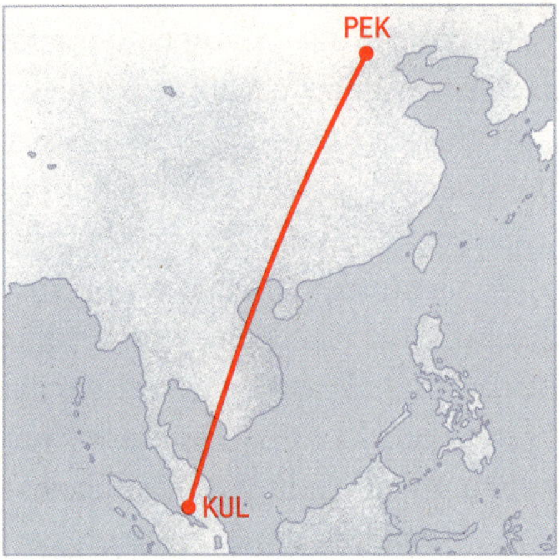

Evidentemente, la diferencia entre la ruta marcada por la geodésica y la que nos proporcionaría la línea recta es más acusada cuanto más largo sea el vuelo y cuanto mayor sea la diferencia de latitud entre los dos puntos. Vean si no, por ejemplo, la geodésica entre Sevilla y Kuala Lumpur.

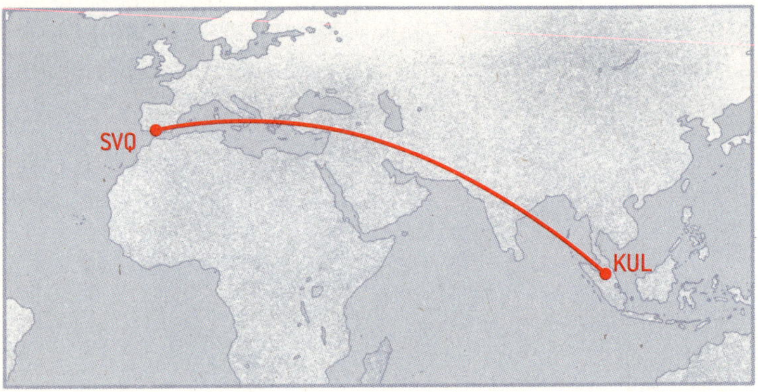

En la práctica, los aviones no siguen exactamente la ruta de la geodésica. Esta puede incluir zonas sobre las que no es posible volar por cuestiones geográficas y/o meteorológicas, o incluso normativas internacionales de restricciones de tráfico aéreo.

En cualquier caso, si les apetece, pueden entretenerse estudiando rutas de aviones[1] y volando con la imaginación, porque tal y como está la cosa, vamos a poder viajar poco...

Personalmente, cuando en enero de 1998 volaba a Kuala Lumpur a bordo de un avión de la Malaysian Airlines, lo único que me llamó poderosamente la atención fue la amabilidad y simpatía de toda la tripulación, en comparación con la de la mayoría de las compañías aéreas europeas. Amabilidad que, vuelos más tarde, descubrí que era muy propia de las compañías aéreas asiáticas. Y sigue sin serlo en alguna compañías europeas.

Nota: ya que hemos hablado de longitud y latitud, les propongo un viejo acertijo por si alguien no lo conoce: un explorador sale una madrugada de su tienda, camina 10 kilómetros al sur, después 10 kilómetros al este, por último, 10 kilómetros al norte y llega de nuevo a su tienda. Dentro de su tienda encuentra un oso. ¿De qué color es el oso?

Si no se acuerdan de la solución, la tienen en *Mati y sus mateaventuras*.[2]

---

1 - <http://www.gcmap.com>.

2 - <http://mati.naukas.com/2013/10/01/al-norte-del-paralelo-38/>.

LO QUE LAS HORMIGAS NOS ENSEÑAN SOBRE LOS ALGORITMOS

Cuando se acerca la primavera, con el buen tiempo vienen el sol, las alergias y... ¡las hormigas! Esos seres diminutos que invaden nuestras cocinas también son los inspiradores de una clase bastante eficiente de algoritmos de computación.

No, no me lo estoy inventando: el comportamiento de las colonias de hormigas ha sido imitado en computación para intentar resolver problemas que no se pueden tratar con los métodos matemáticos clásicos. Por ejemplo, para intentar resolver problemas como el TSP *(travelling salesman problem)*.[1] Y no es la primera vez que la computación imita a la naturaleza para resolver problemas: también hay algoritmos genéticos inspirados en el proceso darwinista mediante el cual la naturaleza consigue especies que se adapten a su medio.

1 - <https://es.wikipedia.org/wiki/Problema_del_viajante>.

¿Qué nos pueden enseñar las hormigas? Pues podemos aprender muchas cosas de su inteligencia como colectivo: son flexibles, ya que se adaptan a perturbaciones internas o externas; son robustas, ya que las tareas se realizan aunque fallen algunos individuos de la colonia; son descentralizadas, ya que no necesitan a ningún líder para que la tarea se lleve a cabo, y se autoorganizan, ya que aunque los caminos hacia el objetivo no estén predefinidos, los van encontrando.

Y todo ello siguiendo unas reglas simples y con una comunicación, si cabe, más simple todavía. Qué envidia, ¿verdad? Pero estábamos hablando de matemáticas.

¿Cómo puede un modelo matemático imitar a una colonia de hormigas? Vamos a pensar, por ejemplo, sobre el problema de encontrar un recorrido mínimo en un grafo. Tenemos uno en el que los vértices (puntos) representan ciudades y las aristas (líneas) las carreteras que las unen, sobre las que hemos marcado la longitud. Queremos calcular el camino más corto desde el vértice A al vértice Z, ¿cómo lo hacemos? Evidentemente, se puede hacer de forma determinista (y de hecho no se utilizan algoritmos de hormigas para este problema, pero lo usaremos como ejemplo) y se puede hacer también tratando de mimetizar el método que utilizan estos insectos para encontrar el camino más corto entre un alimento y el hormiguero.

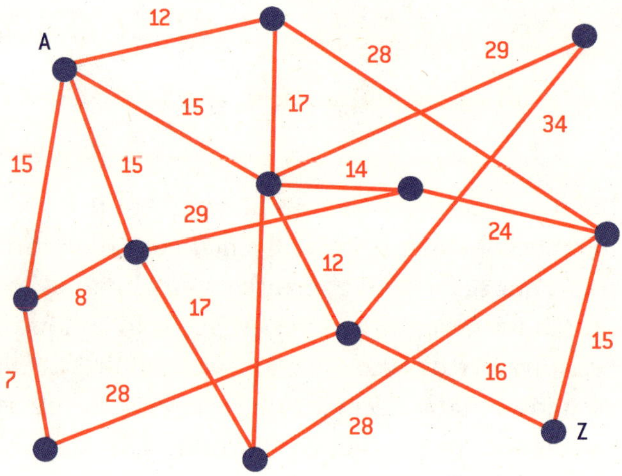

Si observamos una fila de hormigas transportando alimento hasta su refugio hemos de saber que ellas siguen el rastro de feromonas (estigmergia) que van dejando las anteriores en su camino y que pueden oler. Si ponemos un obstáculo en mitad de su camino, se romperá ese rastro de feromonas.

En ese momento, las hormigas deciden de forma aleatoria qué camino alternativo han de seguir. Algunas elegirán el camino más corto para evitar el obstáculo y otras no (las que solemos ver a veces desconcertadas). Cabe señalar que la cantidad de feromonas que las hormigas segregan el tiempo que están fuera del hormiguero es más o menos fija. Por lo tanto, la concentración de feromonas segregada por las que eligieron el camino más corto es más alta en este camino, puesto que estuvieron menos tiempo fuera del hormiguero. De esta forma, el rastro que las hormigas «listas» dejaron es más intenso y animará a las siguientes a elegir también ese camino más corto, óptimo. Estas, las perseguidoras de las «listas» seguirán, por lo tanto, incrementando ese rastro de feromonas y, como resultado, al cabo de poco tiempo, todas estarán volviendo al hormiguero por el camino más corto.

Todo esto se puede simular fácilmente con un ordenador y diseñar un algoritmo ACO *(ant colony optimization)*. No voy a explicar con detalle cómo funciona un ACO, pero la idea es la siguiente. Si tenemos un grafo y queremos calcular el camino más corto entre dos de sus vértices, «lanzamos» una hormiga desde el primer vértice. Ésta elegirá una arista para moverse a otro de los vértices del grafo, a uno que esté unido al primero, claro. Para ello habremos asignado una cantidad inicial de feromonas a cada arista y, con ello, dotaremos a las aristas de una probabilidad directamente proporcional a la cantidad de feromonas e inversamente proporcional a la longitud de la arista.

En función de esta probabilidad asignada, la hormiga elige la primera arista de su camino. Cuando llega a un nuevo vértice (representaría una bifurcación ante un posible obstáculo o intersección de caminos), la hormiga decide con una probabilidad alta seguir por la arista que tiene mayor rastro de feromonas (efectuamos un sorteo asignando mayor probabilidad a las aristas que tengan más feromonas). Cuando esa hormiga llega al vértice objetivo, repartimos una cantidad fija de feromonas entre las aristas que ha recorrido (cuanto más largo sea el recorrido, menos feromonas le tocarán a cada una de ellas). Después, lanzamos otra hormiga y así sucesivamente. Al cabo de unas cuantas iteraciones, las hormigas habrán encontrado el camino más corto en el grafo.

Esta es, más o menos, la filosofía intrínseca de un algoritmo ACO. Así que la próxima vez que nuestras amigas invadan su azucarero, recuerden que, bueno, al menos ellas aportan algo al mundo de la computación y que soportamos diariamente a otros bichos más dañinos. Algunos andan sobre dos piernas...

Por cierto, certificamos que ninguna hormiga ha sufrido daño alguno durante la ejecución de estos algoritmos.

GOOGLE Y EL ÁLGEBRA LINEAL

¿Qué sería de nosotros si, de pronto, dejara de funcionar Google? Estoy segura de que a alguno se le ha encogido el ombligo al pensarlo.

La mayoría aceptamos que el famoso buscador ha supuesto una auténtica revolución en nuestro trabajo y en nuestra vida personal. Incluso nos condiciona más de lo que muchas veces podamos pensar, puesto que los resultados que ofrece a nuestras búsquedas hacen que escojamos ese restaurante o aquel otro hotel, que veamos determinada película o escuchemos una música y no otra. Pero ¿cuántos saben que el éxito de esta plataforma radica en el buen uso que sus creadores hacen de las herramientas matemáticas?

Es posible que cuando Larry Page estudiaba álgebra lineal, teoría de grafos y probabilidad —entre otras cosas— en la Universidad Estatal de Michigan no fuera consciente de que iba a liarla parda usando lo que estaba aprendiendo en clase. Posiblemente, tampoco Sergey Brin, estudiando para ser matemático a más de 800 kilómetros de Page, se lo oliera. Pero lo hicieron: la liaron, y vaya si la liaron.

Hace unos meses, un compañero me contaba que un exalumno de nuestra escuela de Informática se quejaba de que, después de varios años trabajando como informático, aún no sabía para qué le había servido estudiar álgebra lineal en la universidad. Mi compañero le respondió brillantemente: «Se ve que los creadores de Google sí lo supieron y ahora se dedican, principalmente, a contar dinero mientras tú picas código». Creo que ese fue el final de la conversación. Mi compañero había sido bastante convincente.

Efectivamente. A todos nos parece ya natural escribir unas palabras en Google y encontrar una infinidad de resultados. Ya nos hemos acostumbrado a que casi nunca pasamos de la primera página de Google porque entre las primeras entradas encontramos lo que buscamos. Pero no deja de parecer casi mágico que si uno teclea en el buscador «trabajo Rocío» porque está desempleado a pesar de vivir en la famosa aldea onubense, las primeras entradas son ofertas de trabajo en la aldea y, posiblemente, alguna declaración de alguna ministra de Trabajo. Sin embargo, es difícil encontrar «A mis obligaciones», el poema de Neruda que contiene la palabra *rocío*. Se ve que Google entiende que esas palabras de búsqueda son más propias de alguien que quiere escapar de las listas del paro que de un aficionado a la poesía. Y tiene razón, pero... ¿cómo lo hace?

Lo primero que hace Google es indexar todas las páginas de internet (¡varias veces al día en algunos casos!) y con ello construye un grafo dirigido. Los elementos de dicho grafo son, por una parte, cada una de las páginas web del mundo (serían los vértices del grafo) y, por otra, los enlaces entre dichas páginas webs (serían las flechas que van de una página a otra, si la primera enlaza a la segunda).

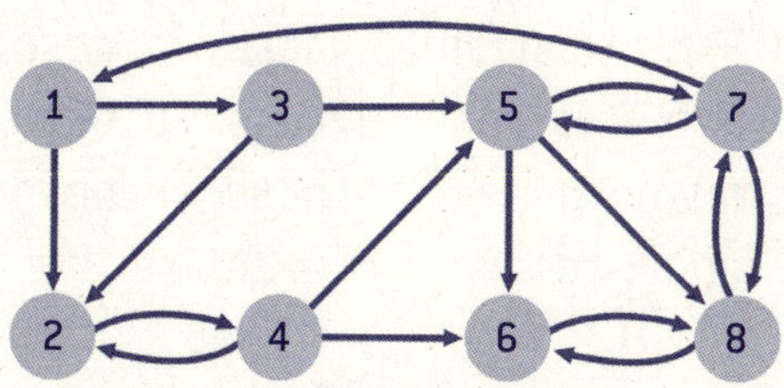

Con esa información, Google le asigna un número a cada página de internet, el llamado PageRank (ya no es exactamente así, pero es muy similar). El PageRank de una página trata de medir la probabilidad de que alguien que esté tonteando por internet acabe visitando esa página en concreto. Antes, con un lenguaje más playero, se venía a decir que trata de medir la probabilidad de que un surfista ocasional llegue, navegando, a dicha página.

Resulta evidente que si una página concreta es enlazada por muchas otras páginas, su PageRank debe ser alto, porque se entiende que si mucha gente la enlaza debe contener información relevante y es fácil que acabemos visitándola. Pero eso no es todo: también se entiende que si te enlazan pocas webs pero son muy potentes en la red, tu PageRank debe ser también alto y, por lo tanto, debería aparecer entre las primeras opciones mostradas por Google.

Con estas dos ideas en la cabeza (y otras más relacionadas con procesos probabilísticos), el algoritmo del PageRank construye, para representar la escena de páginas y enlaces, lo que en matemáticas se conoce como una matriz.

$$\begin{vmatrix} 0.0250 & 0.0250 & 0.0250 & 0.875 & 0.0250 & 0.875 \\ 0.875 & 0.0250 & 0.0250 & 0.0250 & 0.0250 & 0.0250 \\ 0.0250 & 0.450 & 0.0250 & 0.0250 & 0.0250 & 0.0250 \\ 0.0250 & 0.450 & 0.308 & 0.0250 & 0.0250 & 0.0250 \\ 0.0250 & 0.0250 & 0.308 & 0.0250 & 0.0250 & 0.0250 \\ 0.0250 & 0.0250 & 0.308 & 0.0250 & 0.875 & 0.0250 \end{vmatrix}$$

Pues bien, básicamente, realizando operaciones algebraicas sobre esa matriz, se asigna un número a cada página que le servirá para optar a un buen puesto en la ordenación de páginas mostradas por Google... o no.

Si tienen curiosidad por conocer con detalle el algoritmo

como lo presentaron sus autores, pueden verlo aquí.[1] Y si tienen ganas de jugar un rato, en este enlace[2] tienen una calculadora de PageRank para hacer pruebas y, de paso, entender mejor el algoritmo.

Termino con una cuña publicitaria para mis estudiantes de Informática: nunca se sabe en qué clase de matemáticas estará escondido el secreto de vuestro éxito. Y si llegáis como Larry y Sergey a Forbes, no os olvidéis de mí, que yo fui vuestra profesora. Bueno, eso me gustaría que lo recordaseis en cualquier caso.

---

1 - «The Anatomy of a Large-Scale Hypertextual Web Search Engine», en <http://infolab.stanford.edu/ffbackrub/google.html>.

2 - <https://webworkshop.net/seo-tools/pagerank_calculator>.

A PROPÓSITO DEL ARROZ, EL SAKE Y UN CUBO DE MADERA

Hoy propongo hacer un pequeño *tour* por Japón. Les planteo un reto para medir líquidos con precisión con solo una cajita. ¿Jugamos?

Al comienzo de año, con casi todos sus días sin estrenar, a una le gustaría entornar los ojos y esperar, con la misma ingenuidad que un niño, que los de Oriente nos hayan dejado algo para sacar a este país del abismo, por ejemplo. Pero si no tenemos regalo todos los días, tratemos de tener un juego.

Mi divulgador favorito de matemáticas es japonés, se llama Jin Akiyama y tengo, además, la suerte de que sea mi amigo. Entre el montón de cosas que me ha contado Jin, una de las más sorprendentes, al menos para mí, es esta que les explico hoy. Se trata de hacer mediciones exactas con una caja de madera en la que no hay ninguna marca para orientarnos con la medida.

La caja de madera a la que nos referiremos es un *masu*; es cuadrada, sin tapa y se usaba tradicionalmente en Japón

para medir las cantidades de arroz. Hoy en día, se usan *masus* pequeñas para beber *sake*, o para poner en la mesa la sal, la pimienta o cualquier especia.

Vamos allá con el reto. Supongamos que tenemos un *masu* con 6 litros de capacidad y queremos usarlo para vender agua, por ejemplo, pero nuestros clientes (que llegarán a comprar el agua con un *masu* como el nuestro) solo nos piden cantidades enteras; es decir, 1, 2, 3, 4, 5 o 6 litros; no vale pedir un litro y medio. Además, el agua la sacamos de un depósito grande usando el *masu*, pero solo podemos coger agua del depósito una vez, aunque sí

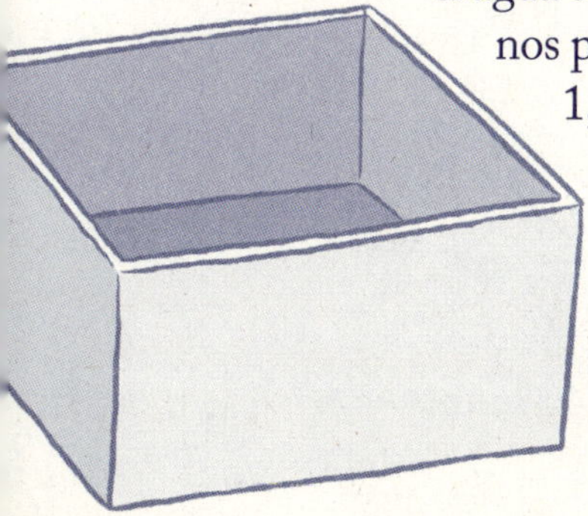

podemos devolver agua al depósito cuantas veces queramos. Ale, ya estamos listos.

¿Cómo hacemos si nuestro primer cliente nos pide 1 litro? Recuerden que no hay ninguna marca en el masu... Efectivamente, si llenamos el masu en el depósito y lo volcamos vaciando el agua hasta que esta quede alineada con dos de los vértices de la base, lo que nos queda es, exactamente, un litro. Así, como en este dibujo.

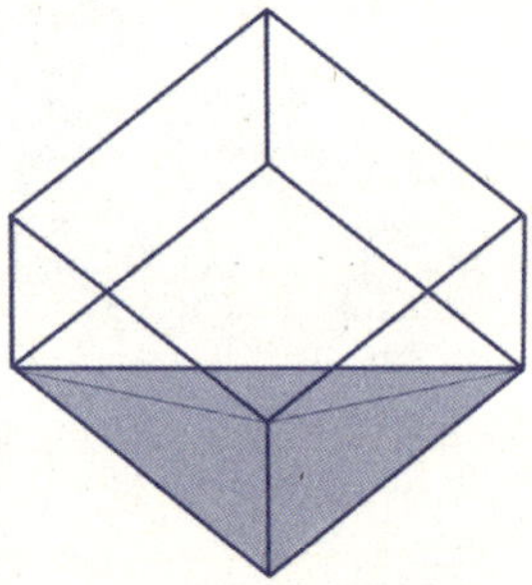

Para comprobar que lo que acabo de afirmar en el párrafo anterior es cierto, basta con recordar cómo se calcula el volumen de una pirámide y un paralelepípedo y hacer un par de cuentas:

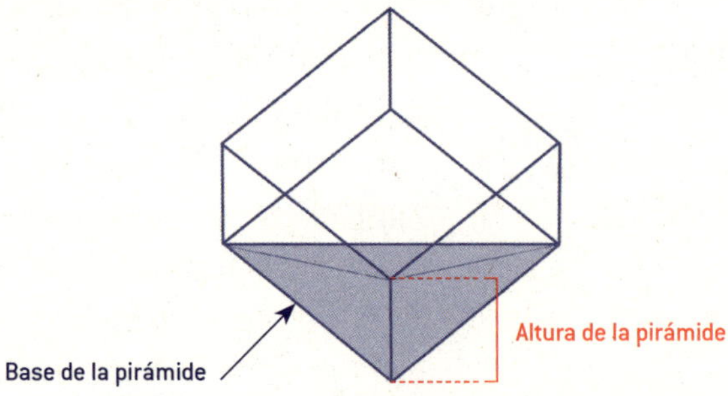

$$\text{Base de la pirámide} = \frac{\text{base del } \textit{masu}}{2}$$

$$\text{Altura de la pirámide} = \text{altura del } \textit{masu}$$

$$\text{Volumen de la pirámide} = \frac{1}{3} \left(\frac{\text{base del } \textit{masu}}{2} \times \text{altura del } \textit{masu} \right)$$

$$\text{Volumen de la pirámide} = \frac{1}{6} \text{ volumen del } \textit{masu} = 1 \text{ litro}$$

¿Y si el cliente quiere 2 litros? Alguien podría pensar en repetir el método anterior 2 veces, pero, ¡no!, ¡error!, no se puede. Porque para ello deberíamos coger agua del depósito dos veces y solo podemos coger agua del él una vez. ¿Entonces? Vamos a ver cómo conseguir 3 litros con el *masu* y después, conocido esto, cómo sacar 2. Para medir 3 litros con nuestra caja solo tenemos que primero llenarla en el depósito y a continuación, vaciarla inclinándola hasta hacer coincidir el agua con una de las aristas del fondo de la ella, como en este dibujo.

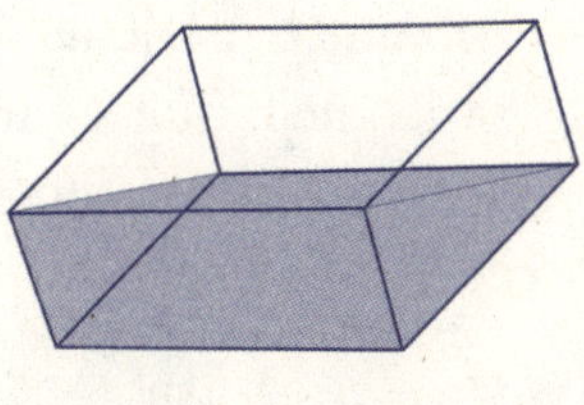

Eso sería la mitad del *masu* y, por lo tanto, 3 litros. Pues ya podemos medir 2 litros con nuestra cajita: cogemos el *masu* lleno, con 6 litros, vaciamos 3 en el depósito alineando el agua con un lado de la caja. Nos quedan 3 litros en nuestro *masu*. Ahora volcamos el agua en el *masu* del cliente hasta que nos quede 1 en el nuestro como ya sabemos, alineando con los vértices. Le habremos puesto 2 al cliente y el que sobra, de vuelta al depósito.

¿Y 4 litros? Es fácil. Tomamos 6 del depósito, soltamos 3 en el *masu* del cliente como antes, alineando con el lado, volcamos nuestro *masu* en el depósito hasta dejar solo 1 litro alineando con los vértices y se lo echamos al cliente. Ahora vender 5 litros es muy fácil: basta llenar nuestro *masu* con 6 litros y vaciar el agua en el del cliente hasta que en el nuestro solo quede 1 litro.

Bueno, les toca. Les propongo un reto para entretenerse un rato, sin cajas, esta vez con jarras: disponen de 3 jarras grandes con capacidades de 3, 5 y 8 litros. La jarra de 8 litros está llena de agua. Su tarea consiste en medir exactamente 4 litros de agua. Para trabajar no disponen de otros recipientes y estos no tienen marcas que indiquen fracciones. Espero sus respuestas...

Y si quieren fabricar su propio *masu* de papel, pueden aprender cómo en este enlace.[1] Nunca se sabe cuándo le va a hacer falta y, si no, oye, lo que entretiene.

Ahora sí, termino y les dejo que sigan jugando, porque siempre es bueno que todos nos volvamos un poco niños y se nos olvide el mundo de los «mayores».

---

1 - <https://www.youtube.com/watch?v=_ug8XRygV1s>.

PARECE QUE VA A LLOVER Y OTRAS HISTORIAS DE ASCENSOR

Cuando se espera un ascensor junto a un extraño, uno mira al suelo o termina hablando de la lluvia o del buen tiempo. Pero ¿han pensado cuántas veces el ascensor llega desde arriba y cuántas veces desde abajo? ¿Han notado algo extraño?

Si algo bueno tiene todo este panorama digno de Luis García Berlanga que vivimos en nuestro amado país, es que en las conversaciones en las esperas ante la puerta del ascensor o dentro de él pueden versar sobre temas distintos a las inclemencias o bonanzas del clima.

En otro tiempo y en otro lugar (el siglo XX en Estados Unidos) existieron dos físicos, George Gamow y su colega Marvin Stern, que, como no tendrían políticos tan interesantes de los que rajar, se dedicaron a observar la frecuencia con la que el ascensor llegaba a su planta (cuando alguno de ellos lo llamaba) desde las plantas superiores y/o de las plantas inferiores.

Concretamente, Gamow, que tenía su despacho en la 2.ª planta del edificio y subía frecuentemente a trabajar con Stern en la 6.ª planta, observó que cuando llamaba al ascensor, la mayoría de las veces este venía de las plantas de arriba. ¿Qué pasa? ¿Los construyen en la azotea y los mandan para abajo? ¿No sería más lógico que viniera aproximadamente la mitad de las veces de abajo y la otra mitad de arriba?

Pero su amigo Stern, cuando bajaba a trabajar con Gamow o a pedirle un boli y llamaba al ascensor, observaba que la mayoría de las veces venía de abajo y muy pocas de las plantas de arriba. ¿Qué pasa? ¿Los construyen en el sótano y los tiran para arriba? Cierto día los dos comentaron este hecho aparentemente paradójico y llegaron a la conclusión de que, probablemente, los construían en la 4.ª planta y desde allí los lanzaban para arriba y para abajo. Sí, esto fue un chiste. Eran físicos, no tertulianos saca-conclusiones sin rigor que dominan nuestras parrillas televisivas.

Pues bien, este hecho —que era cierto— de que cuando se

llama al ascensor desde las primeras plantas del edificio, este viene con más frecuencia bajando, y al revés, que cuando se lo llama desde las últimas plantas, este viene con más frecuencia desde abajo, no es en absoluto paradójico desde el punto de vista de la probabilidad, aunque puede que desde la intuición, sí. Trataremos de pensar en probabilidades y olvidar, por un momento, la intuición: si suponemos que los ascensores se mueven de forma uniforme a lo largo del edificio y estamos en la 2.ª planta de un edificio de siete, como aquel en el que trabajaban Gamow y Stern, tenemos más plantas por arriba que por abajo, con lo cual, la probabilidad de que el ascensor esté en una planta superior cuando lo llamamos es más alta que la probabilidad de que esté en una planta por debajo de la nuestra. Y al revés.

En resumen, pensar que, al llamar un ascensor desde una planta no intermedia del bloque, la probabilidad de que venga de arriba (o de abajo) es del 50 % es tan riguroso como pensar que la probabilidad de que llueva mañana es del 50 % porque o llueve o no llueve. Esto último también era un intento de chiste, lo digo por si algún tertuliano lo va a usar alguna vez... Y hablando de chistes, y para terminar, uno de nuestros físicos del ascensor, Gamow, es uno de los protagonistas también de una anécdota bastante conocida en el mundo científico y que, en mi opinión, es muy simpática. Se las cuento por si quieren contarla en un ascensor.

El señor Gamow era el director de tesis de Ralph Alpher. Uno de los trabajos que publicaron sobre los resultados de la tesis de Alpher fue sobre cosmología física en el que sugerían que en el Big Bang se crearon helio, hidrógeno y otros metales más pesados en determinadas proporciones. Este artículo contradecía las teorías existentes sobre este hecho, pero resultó ser coherente con las que ahora se manejan. Esto no es lo gracioso, pero es emocionante, ¿no? Pues bien, como los autores del trabajo eran Alpher y Gamow, sonaba un poco como alfa y gamma, la primera y la tercera letra del alfabeto griego, pero les faltaba una beta en medio para que sonara Alfa-Beta-Gamma... Así que convencieron a otro físico eminente, Hans Bethe, para que figurase en el artículo a pesar de no haber hecho nada, simplemente por el gusto de oír lo del Alpher-Bethe-Gamow que recordaba a alfa-beta-gamma. Por esto, aunque el nombre original del trabajo es «The origin of chemical elements», se lo conoce como «αβγ paper».

El propio Gamow contó más tarde que, cuando sus hipótesis sobre el origen de estos elementos químicos no se terminaban de demostrar, Bethe consideró seriamente cambiarse el apellido por Zacharias... Bueno, no me dirán que no les he dado tema con que entretenerse frente a la puerta del ascensor. Esta es mi planta. Yo me bajo aquí.

¿QUÉ SUCEDIÓ AQUELLA NOCHE EN MONTECARLO? Falsas creencias y juegos de azar

A pesar de que calcular la probabilidad de conseguir un premio en los juegos de azar es una simple operación aritmética, en el siglo XXI no son pocas las personas que siguen usando criterios falsos para elegir dónde comprar la lotería o qué números jugar en la Primitiva.

Hace unos días entré en el estanco de mi pueblo a comprar una cosa y me sorprendió encontrar una gran cola en un lunes de agosto tan temprano. Vivo en un pueblo pequeño. Observando a los clientes que me precedían, advertí, primero con alegría, que casi ninguno de ellos iba a comprar tabaco, y después con asombro y un poco de cansancio, que estaban para «echar la primitiva».

En ese momento tuve la tentación de contarles algo sobre la probabilidad de acertar los seis números de la Primitiva (1 entre 13.983.816) para disuadirlos de gastar dinero en ello. Me contuve. Viendo sus caras de desesperanza, aquellas caras arrugadas y mates por la desilusión, entendí que era mucho menos probable que les ayudara su gobierno. Callé y bajé la mirada. Pero me costó. Sobre todo cuando oigo argumentos del tipo «Llevo 3 años echando los mismos números, ya me tiene que tocar» o «No me pongas números consecutivos, que esos no tocan»... En fin.

Déjenme que les cuente una historia, que les cuente qué pasó en Montecarlo. Era verano y era 1913. En la ruleta del casino de Montecarlo salió *NEGRO* 15 veces consecutivas y los jugadores allí reunidos comenzaron a apostar a *ROJO*, porque *ya tocaba*. Pero no, aquel día de verano monegasco salió *NEGRO* 26 veces seguidas, lo que supuso una ganancia de millones de francos para el casino y un montón de caras de tontos para muchos de los que apostaron al *ROJO*.

Este hecho, el de pensar que después de muchos NEGROS toca un ROJO, o que después de obtener varias caras en el lanzamiento de una moneda, toca una cruz, es conocido como la falacia de Montecarlo. Y es eso, una falacia, una falsa creencia. Como lo es pensar que si juegas todos los días durante años al mismo número de la ONCE o de la lotería, cada día que pase *estará más cerca de tocar*.

Pues, no. Pero, vamos, que no. Cada vez que se realice un sorteo, se lance una moneda o se haga girar la ruleta, la probabilidad de acertar y/o ganar es la misma, porque cada sorteo o lanzamiento es independiente del anterior. Cuando lanzamos una moneda, cada vez que la lanzamos, la probabilidad de cara, por ejemplo, es de ½ o del 50 %, como prefieran verlo. Lo que induce a algunas personas, en mi opinión, a la falacia de Montecarlo es confundir la probabilidad de obtener cara en el tercer lanzamiento con la probabilidad de que salgan tres caras seguidas. Y no, no es lo mismo.

La probabilidad de que al lanzar una moneda tres veces, la tercera vez salga cara es de ½ o 50 %. Vamos, como en el primer lanzamiento, en el segundo y en el vigésimo (no veinteavo como dicen algunos...). La probabilidad de que salgan tres caras seguidas se calcula como el producto de la probabilidad de obtener cara en el primer lanzamiento, ½, por la probabilidad de obtener cara en el segundo lanzamiento, ½, por la probabilidad de obtener cara en el tercer lanzamiento. Otro ½.

Es decir, la probabilidad de obtener 3 caras seguidas es de 1/8, y por eso, creo, algunas personas en el tercer lanzamiento se sienten tentadas de apostar a cruz, porque piensan que la probabilidad de este resultado es, nada más y nada menos, de 7/8. Digo, ¡que no falte de ná!

Resumo y repito: la probabilidad de obtener cara en un lanzamiento de moneda es de ½, siempre, se hagan los lanzamientos que se hagan; la probabilidad de obtener n caras seguidas en n lanzamientos es de 1 partido por 2 elevado a n. Si la moneda no está trucada, claro. Por eso, si alguien lanza la moneda 10 veces, por ejemplo, y las 10 le sale cara, yo en la siguiente tirada apostaría a cara. ¿Por qué? Pues porque la probabilidad de sacar 10 caras seguidas es de 1/1.024, o sea, muy *bajita*. Algo me haría sospechar que esa moneda no es trigo limpio...

¿Y que hacemos si sospechamos que la moneda no está bien compensada y queremos hacer un sorteo justo? Por ejemplo, si usamos una moneda de 1 euro en la que la cara tiene más probabilidad, 56 %, que la cruz.[1] No pasa nada. Haremos lo siguiente: lanzaremos la moneda dos veces seguidas después de que cada uno de los dos jugadores haya elegido entre *(cara, cruz)* (primero cara y luego cruz) y *(cruz, cara)*. Si en los lanzamientos obtenemos *(cara, cara)* o *(cruz, cruz)*, repetimos el sorteo. Pero con este método, los resultados *(cara, cruz)* y *(cruz, cara)* tienen la misma probabilidad de ocurrir, esté la moneda trucada o no, y nadie se enfada.

Otra de las creencias falsas en la compra de boletos de juegos de azar es la de los números que no tocan y los que sí tocan. Todos tienen la misma probabilidad de tocar, y esto es fácil de explicar. Pero la que más me llama la atención, en serio, en los tiempos que vivimos es la falacia que cada año forma colas delante de administraciones de lotería como, por ejemplo, la madrileña Doña Manolita.

Pensemos un momento, la probabilidad de que toque el gordo en esa u otra administración es la misma (o sea, casi ninguna) de que toque en cualquier otro sitio en que se compre el número. Lo que ocurre en administraciones tan famosas como

---

1 - <https://www.theguardian.com/world/2002/jan/04/euro.eu2>.

esta o la de Sort es que ellos venden décimos de casi todos, si no todos, los números de la lotería.

Por eso, ellos tienen tanta probabilidad de dar el premio. Pero la probabilidad de un décimo, se lo compre dondequiera que sea, es de 1/100.000. En la lotería, los que ganan son los que la venden y, sobre todo, los que la organizan, no los pensionistas de mi pueblo ni los del suyo.

Los sorteos son así y, como se suele decir, no hay más donde rascar. Eso sí, todos los sorteos de loterías, primitivas y demás, son equiprobables, son justos. Lo preocupante es descubrir que la Administración usa sistemas de sorteo injustos para adjudicar colegios, viviendas de protección oficial e incluso puestos de trabajo.[2]

Estas son algunas de las consecuencias, unas mucho más graves que otras, de lo que John Allen Paulos llamó *anumerismo*, falta de conocimientos básicos en matemáticas o incultura matemática. El *anumerismo* es más peligroso que las faltas de ortografía, créanme, sobre todo frente a un homeópata o un banquero.

---

2 - <http://www.jotdown.es/2013/05/la-importancia-de-llamarse-grima/>.

CRIPTOGRAFÍA

El extécnico de la National Security Agency (NSA) se comunicó de forma oculta utilizando claves generadas por números primos con criptografía asimétrica.

Es de suponer que cada profesión o trabajo que uno desempeña en su vida adulta entraña, irremediablemente, algunas inconveniencias menores, que no por nimias dejan de ser, en ocasiones agotadoras, o *hartibles* (leído *jartibles*) como se dice por el sur.

En mi caso, y en el de la mayoría de los matemáticos, supongo, una de estas pequeñas y cansinas inconveniencias es tener que responder continuamente a la pregunta «¿Para qué sirven las matemáticas?» (a veces insertan alguna interjección vulgar). O bien, por poner otro ejemplo, a la de «¿Qué os pasa con los primos que os gustan tanto?», refiriéndose esta última no a los parientes hijos de tus tíos ni a personas incautas fáciles de engañar, sino a una clase de números. Y sí, esta segunda

cuestión suele además ir acompañada con una afirmación final, sobre el grado de frikismo de los que nos dedicamos a este noble arte de las matemáticas.

Pues bien, quiere el azar que Snowden, la NSA y sus intrigas vengan en nuestra ayuda y nos ayuden a dar respuesta, con ejemplos de las portadas de los periódicos cuando sus escándalos salieron a relucir, a estas cuestiones: para qué sirven y por qué nos fascinan las matemáticas en general y los números primos en particular. Ambos están en la base de la criptografía encargada del cifrado de mensajes.

Cuando se habla de números primos, nos referimos a aquellos números naturales (los que sirven para contar) mayores que 1, que solo son divisibles por ellos mismos y por 1. Como por ejemplo, el 2 y el 3, pero no el 4, que es divisible (sin decimales en el cociente) por 2. Es indudable la fascinación que estos han supuesto para los matemáticos a lo largo de la historia. Desde la Antigua Grecia en la que Euclides ya descubrió su belleza y demostró que había un número infinito de ellos, hasta el año 2012 en el que fue noticia el anuncio de la demostración de la conjetura débil de Goldbach,[1,2] que asegura que cualquier número impar mayor que 5 se puede expresar como la suma de 3 primos. Por ejemplo, 15 = 3 + 5 + 7.

Sí, esta conjetura, aparte de la trascendencia en la teoría de números, es útil para entretenerse un rato tratando de descomponer impares en suma de primos, o para entretener a otros. En este sentido, también resulta entretenido usar la criba de Eratóstenes[3] para calcular los números primos menores que un número natural dado N. Entretenido y gratis, oigan, que está la cosa mu mala...

Muy bien, muy bonito, podría decir alguien, pero ¿para qué sirven los primos? Como ya se ha dicho, entre otras cosas, por ejemplo, para técnicas de cifrado de mensajes, criptografía, con el objetivo de proteger la información enviada por correo electrónico. Ya ven...

De hecho, en las portadas de nuestros diarios hemos podido ver, aparte de los escándalos de presunta corrupción de nuestro país, el caso Snowden. Edward Snowden usaba una cuenta de correos, edsnowden@lavabit.com, del servicio de correos lavabit.com, creado en 2004, como alternativa más

---

1 - <https://es.wikipedia.org/wiki/Conjetura_débil_de_Goldbach>.

2 - <https://es.wikipedia.org/wiki/Harald_Helfgott>.

3 - <https://es.wikipedia.org/wiki/Criba_de_Eratóstenes>.

segura a Gmail en el cifrado de mensajes. Cuenta que usaba para convocar a activistas y abogados desde Moscú...

Ahora vienen los primos. Entre los mecanismos de cifrado usados por Lavabit para asegurar la privacidad de sus mensajes, estaba el de la criptografía asimétrica, en la que los primos tienen mucho que decir. Y lo hacían bien, ¿eh?. Tanto que ni las agencias de seguridad han conseguido descifrar los mensajes y, claro, el gobierno de Estados Unidos ha obligado a cerrar a este servicio de correo seguro. Lo normal...

1	**2**	**3**	4	**5**	6	**7**	8	9	10
11	12	**13**	14	15	16	**17**	18	**19**	20
21	22	**23**	24	25	26	27	28	**29**	30
31	32	33	34	35	36	**37**	38	39	40
41	42	**43**	44	45	46	**47**	48	49	50
51	52	**53**	54	55	56	57	58	**59**	60
61	62	63	64	65	66	**67**	68	69	70
71	72	**73**	74	75	76	77	78	**79**	80
81	82	**83**	84	85	86	87	88	**89**	90
91	92	93	94	95	96	**97**	98	99	100

Sin entrar mucho en detalle y a grandes rasgos, la gracia de la criptografía asimétrica radica en el hecho de que hay pares de operaciones matemáticas tales que una es la opuesta de la otra y que una es muy sencilla y la otra es muy complicada. Por ejemplo: multiplicar dos números primos es una operación muy sencilla; sin embargo, si nos dan un número del cual sabemos que es el producto de dos primos, descomponer («factorizar» en lenguaje matemático) dicho número para encontrar los dos primos que están escondidos en él es una operación muy complicada. Entendiendo por complicada que requiere mucho tiempo de cálculo con los ordenadores más potentes que existen.

Si tenemos 999809 y 404081, ambos primos, es muy fácil obtener el producto de ambos. Pero si lo que nos dan es el 404.003.820.529 y, para descifrar la clave, necesitamos descomponer este número en producto de 2 primos, tendríamos, en principio, aunque hay métodos más sofisticados, que probar con todos los primos hasta encontrar el primero de los números que lo divide (en este caso 404.081).

Aunque un ordenador comprueba de forma rápida si un primo divide a un número dado, tendríamos que probar con tantos primos que, a la fuerza, se prolongaría mucho. Claro está que en la práctica se aconseja escoger primos muy grandes para que su producto sea un número muy muy grande (para que sea seguro, se aconseja que este producto tenga más de 600 dígitos y no 11 como el ejemplo que hemos puesto) y así sea más difícil de factorizar.

Algo como esto:

2519590847565789349402718324004839857142928212620403202777713783604366202070

7595556264018525880784406918290641249515082189298559149176184502808489120072

8449926873928072877767359714183472702618963750149718246911650776133798590957

00097330459748808428401797429100642458691817195
11874612151517265463228221686

99875491824224336372590851418654620435767984233
87184774447920739934236584823

824281198163815010674810451660377306056201619676
2561338441436038339044149526

344321901146575444541784240209246165157233507787
0774981712577246796292638635

63732899121548314381678998850404453640235273819
51378636564391212010397122822 120720357

Chispa más o menos, claro. Digamos entonces que en la criptografía asimétrica podemos mandarle a alguien un mensaje conociendo el valor del producto de dos primos que él ha escogido, pero para descifrarlo tendríamos que conocer cuáles son esos dos primos, cosa extraordinariamente complicada.

Espero que a estas alturas los haya convencido de que las matemáticas y los primos sirven para algo.

SUMARIO